AutoCAD 2020 实用教程

主　编　孙开鸾　高　虎　田晓霞

副主编　王家态　李　慧

编　委　张　瑾　郑　铮　刘志达　孙　源

主　审　韩玉勇

北京理工大学出版社

BEIJING INSTITUTE OF TECHNOLOGY PRESS

内 容 简 介

本书是讲述如何使用 AutoCAD 2020 绘制机械图样的基础教材，以机械图样绘制为主线，按照机械制图的思路，通过简单图形、三视图、剖视图、零件图、装配图及标注等项目的实施，由浅入深、循序渐进地讲述了 AutoCAD 2020 关于机械制图的基本功能及相关技术，让学生掌握精确、快速地绘制机械图的技能和技巧。针对高职学生具有实用性强、针对性强、专业性强的特点，每个项目所设置的任务与生产实际相结合，加强了理论与实践之间的有效联系。

本书内容丰富、结构清晰、语言简练，深入浅出，具有很强的实用性，可作为职业院校及成人高等院校的机械类各专业教学用书和培训教材，也可作为工程技术人员的参考书和自学读本。

图书在版编目（CIP）数据

AutoCAD 2020 实用教程 / 孙开鸾，高虎，田晓霞主编. -- 北京：北京理工大学出版社，2022.2
ISBN 978 - 7 - 5763 - 0940 - 9

Ⅰ. ①A… Ⅱ. ①孙… ②高… ③田… Ⅲ. ①AutoCAD 软件 - 教材 Ⅳ. ①TP391.72

中国版本图书馆 CIP 数据核字（2022）第 030889 号

出版发行 / 北京理工大学出版社有限责任公司
社　　址 / 北京市海淀区中关村南大街 5 号
邮　　编 / 100081
电　　话 / （010）68914775（总编室）
　　　　　 （010）82562903（教材售后服务热线）
　　　　　 （010）68944723（其他图书服务热线）
网　　址 / http：//www. bitpress. com. cn
经　　销 / 全国各地新华书店
印　　刷 / 涿州市新华印刷有限公司
开　　本 / 787 毫米 × 1092 毫米　1/16
印　　张 / 16
字　　数 / 335 千字
版　　次 / 2022 年 2 月第 1 版　2022 年 2 月第 1 次印刷
定　　价 / 72.00 元

责任编辑 / 高雪梅
文案编辑 / 高雪梅
责任校对 / 周瑞红
责任印制 / 李志强

本书说明

一、本书适用符号的约定

1. "→"表示操作顺序。

2. "【 】"表示菜单及其命令。

例如:【文件】→【退出】表示使用"文件"菜单中的"退出"命令。

3. "_"表示从键盘上输入的键。

例如:命令:_LINE 表示输入 LINE。

4. ▲表示需要注意的事项。

5. 按机械制图中的标准,本书中所有尺寸单位均为 mm。

二、操作术语描述

1. "单击"表示单击鼠标左键。

2. "右击"表示单击鼠标右键。

3. "移动"表示不按鼠标任何键移动鼠标。

4. "拖动"表示按住鼠标左键移动鼠标。

5. 输入命令时,不区分大小写。

前　言

随着科学技术的发展，计算机绘图在多个领域中已取代了手工绘图，各职业技术院校和培训机构都将 AutoCAD 作为一门专业实训课程，培养更多的计算机辅助设计绘图员，以适应社会发展的需要。

新课改主要体现"工学结合"的思想，要求教师探索新思路、改革陈旧的教学方法和手段，然而教师拥有有关新课改的书籍却不是很多，这给教学带来很大的不便。编者依据其所在学院教学改革取得的良好效果，偕同编写组成员特编写了本书。本书的编写目的是帮助读者牢固掌握 AutoCAD 的各种常用功能，同时了解如何将这些功能运用到实际工作中。

在实践操作中学习软件的使用无疑是最直接、最有效的方法。根据 AutoCAD 在实际中的应用，本书精心设置了 10 个模块，各个模块又包含了若干个任务，具体结构如下。

●**知识目标和能力目标**　让读者充分了解每个模块的内容，了解学习该模块应该达到的目标，做到目的明确，心中有数。

●**任务导入**　完成任务的过程就是掌握知识、提高能力的过程，本书以精心设计的典型图形作为载体，通过任务导入，让读者对完成任务的过程有个大体了解。

●**相关知识**　"任务驱动法"虽然有针对性强的优点，但系统性相对要差一些，为此本书在操作实例之外还安排了完成任务所涉及的知识点，对相关知识进行系统的介绍，可以帮助读者进一步提高。

●**注意事项**　对于一些经常使用计算机的人来说，很多技巧已经司空见惯，但对于初学者而言，这些知识却非常宝贵，所以编者根据软件使用和教学经验设置了"注意事项"，以使读者掌握要领，少走弯路，尽快上手。

●**任务实施**　在此环节编者详细介绍了任务实施的过程，对于每一步的操作都做了详尽的介绍，为读者带来参照。

●**自测题**　AutoCAD 作为一种应用软件，不通过大量的练习很难熟练掌握，因此本书精选了大量的同类练习，针对性强，效果不同于一般的练习册，可帮助读者进一步熟悉相关功能的使用，应用所学知识分析和解决具体问题。

本书不但解决了"怎么学"的问题，还提供了"怎么用"的方法，强调实际技能的培养和使用方法的学习。既可以作为初学者的学习教材，无须参照其他书籍即可轻松入门；也可作为有一定基础的 AutoCAD 用户的参考手册，从中了解各项功能的详细应用，从而迈向更高的台阶。

本书由枣庄科技职业技术学院执教 AutoCAD 课程多年的专业教师编写，孙开鸾、高虎、田晓霞任主编。其中，项目一至项目三由孙开鸾编写，项目四由郑铮编写，项目五由张瑾编写，项目六及项目十由高虎、田晓霞编写，项目七由王家态编写，项目八由李慧编写，项目九由刘志达编写，孙源编写附录。韩玉勇老师对本书进行了认真的审阅，在此表示衷心的感谢。同时，对参考书籍的作者表示由衷的谢意。

由于编者水平所限，虽然在编写过程中认真核查，反复校对，但难免存在不足和欠妥之处，我们衷心希望，全国关心高等职业教育的广大读者能够对本书的不当之处给予批评指正。来信请发至 lihui125@126.com。

编　者

目 录

项目一 绘图环境的设置与组织

任务一 AutoCAD 2020 的基本操作

知识目标

1. 掌握 AutoCAD 2020 的启动、退出方法。

2. 熟悉 AutoCAD 2020 的界面。

3. 掌握图形文件的管理方法。

4. 掌握【直线】命令的使用方法。

能力目标

了解 CAD 与 AutoCAD 的区别、特点，熟悉 AutoCAD 2020 的界面，掌握 AutoCAD 2020 启动和退出、图形文件的常用操作以及命令的使用方法。

一、工作任务

启动 AutoCAD 2020 软件，绘制如图 1-1-1 所示的简单三角形并保存，然后关闭软件，最后按保存路径打开此文件。任务目的：一是让学生感性地了解绘图环境，并对本门课程产生兴趣；二是让学生能够掌握软件的基本操作，如启动、关闭、文件的打开、文件的关闭、文件的保存等，为以后学习做好铺垫。

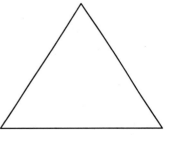

图 1-1-1 简单三角形

二、相关知识

（一）概述

1. CAD 与 AutoCAD 的区别

计算机辅助设计（CAD，Computer - Aided Design）是指利用计算机来完成设计工作并产生图形图像的一种方法和技术，是目前机械、电气、建筑等行业，工程技术人员以计算机为工具，用自己的专业知识对产品或工程进行总体规划、设计、分析、绘图、编写技术文档等全部设计工作的总称。

计算机辅助设计常用软件有很多，本课主要介绍 AutoCAD 一种。AutoCAD 是美国 Autodesk 公司推出的通用 CAD 软件包。Autodesk 于 20 世纪 80 年代初为计算机上应用 CAD 技术而开发了绘图程序软件包 AutoCAD，经过不断的完善，现已经成为国际上广为流行的绘图工具。AutoCAD 可以绘制任意二维和三维图形，并且同传统的手工绘图相比，绘图速度更快、精度更高，它已经在航空航天、造船、建筑、机械、电子、化工、美工、轻纺等很多领域得到了广泛应用，并取得了丰硕的成果和巨大的经济效益。AutoCAD 2020 版本增强了 DWG 图纸的比较功能，能快速比较出两张图纸的变化，为用户提供了较好的体验，提高了其工作效率。

2. AutoCAD 软件的特点

AutoCAD 软件具有如下特点：

（1）具有完善的图形绘制功能；

（2）有强大的图形编辑功能；

（3）可以采用多种方式进行二次开发；

（4）可以进行多种图形格式的转换，具有较强的数据交换能力；

（5）支持多种硬件设备；

（6）支持多种操作平台；

（7）具有通用性、易用性。

此外，从 AutoCAD 2000 开始，软件中增添了许多强大的功能，如 AutoCAD 设计中心（ADC）、多文档设计环境（MDE）、Internet 驱动、新的对象捕捉功能、增强的标注功能以及局部打开和局部加载的功能，从而使 AutoCAD 系统更加完善。

3. AutoCAD 2020 的运行环境

一个软件的运行环境有硬件环境和软件环境两个方面。软件环境主要指所安装的软件能够在哪些操作系统下运行，硬件环境则是指软件得以正常工作的物质基础。

1）硬件环境

（1）处理器：2.5～2.9 GHz 处理器以上。

（2）内存：8 GB 以上。

（3）显示器分辨率：1 920×1 080 真彩色以上。

（4）显卡：1 GB GPU 以上，具有 29 GB/s 带宽，与 DirectX 11 兼容。

（5）磁盘空间：6.0 GB 以上。

2）软件环境

（1）操作系统：带有更新的 Microsoft © Windows © 7SP1 KB4019990（仅限 64 位）。

（2）.NET Framework：.NET Framework 4.7。

（二）AutoCAD 2020 的启动和退出

1. AutoCAD 2020 的启动

启动 AutoCAD 2020 的方法很多，下面介绍 3 种常用的方法。

（1）双击桌面上的快捷图标，如图 1 - 1 - 2 所示。

（2）单击【开始】→【程序】→【Autodesk】→【AutoCAD2020 - Simplified chinese】→ AutoCAD 2020，如图 1 - 1 - 3 所示。

图 1 - 1 - 2　AutoCAD 2020 快捷图标　　　　　图 1 - 1 - 3　【开始】菜单下的程序组

（3）双击任意一个已经存在的 AutoCAD 图形文档。

启动 AutoCAD 2020 后，进入工作界面，如图 1 - 1 - 4 所示。

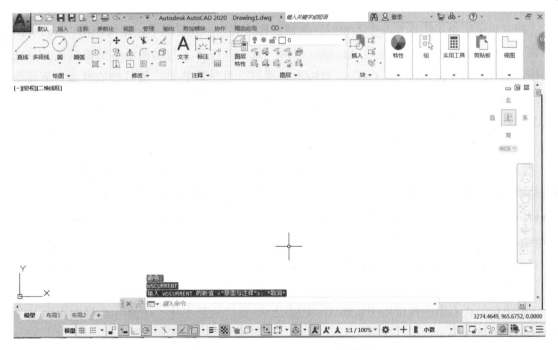

图 1 - 1 - 4　AutoCAD 2020 工作界面

2. AutoCAD 2020 的退出

退出 AutoCAD 2020 的方法很多，下面介绍 3 种常用的方法。

（1）在命令行里输入 quit 或 exit，按 < Enter > 键，退出 AutoCAD 2020。

（2）单击【文件】→【退出】。

（3）单击 AutoCAD 2020 操作界面右上角的【关闭】 ✕ 按钮。

（三）AutoCAD 2020 的界面

在 AutoCAD 2020 中提供了 3 种默认的界面：草图与注释、三维基础、三维建模。单击图 1 – 1 – 5 所示的界面右下角的"切换工作空间"列表框，可进行不同工作界面的切换。

图 1 – 1 – 5　工作界面切换

用户也可根据工作需要及个人爱好，加载经典模式。一般情况下，建议使用"AutoCAD 经典"界面。该界面在风格上与 Windows 保持一致，并注意了与以前版本的连续性，方便操作；同时，对于使用过 AutoCAD 以前版本的用户，也是最熟悉、最习惯的界面。下面简要介绍本界面的组成部分：标题栏、菜单栏、工具栏、绘图区域、命令行、文本窗口、坐标系图标及状态栏等，如图 1 – 1 – 6 所示。

1. 标题栏

标题栏位于界面的顶部，用于显示当前正在运行的 AutoCAD 2020 应用程序名称和控制菜单图标及打开的文件名等信息。如果是 AutoCAD 2020 默认的图形文件，其名称为 Autodesk AutoCAD 2020 Drawing*n*. dwg（*n* 代表数字，如 Drawing1. dwg、Drawing2. dwg、Drawing3. dwg…）。

单击标题栏左端的控制菜单图标 ，系统将弹出文件菜单，可以完成新建、打开、保存、另存为等操作。

位于标题栏右侧的按钮用于实现 AutoCAD 2020 窗口的最小化、还原（或最大化）及关闭 AutoCAD 等操作。

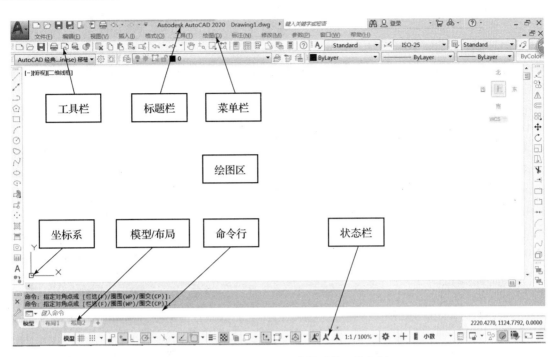

图 1 - 1 - 6　AutoCAD 经典界面的工作空间

▲**注意**：如果当前程序窗口未处于最大化或最小化状态，则将光标移至标题栏后，按下鼠标左键并拖动，可移动到程序窗口的任意位置。

2. 菜单栏

菜单栏是主菜单，可利用其执行 AutoCAD 的大部分命令。单击菜单栏中的某一项，会弹出相应的下拉菜单。

和其他 Windows 程序一样，AutoCAD 2020 采用下拉式菜单，并包含有子菜单。对 AutoCAD 2020 菜单栏中有关选项说明如下。

（1）不带任何内容符号的菜单项，单击该项可直接执行或启动该命令。

（2）带有黑三角符号"▶"的菜单项，表明该菜单项后面带有子菜单，如图 1 - 1 - 7 所示。

（3）带有省略号"…"的菜单项，表明选择该项后系统将弹出相应的对话框，如图 1 - 1 - 8 所示。

（4）菜单项呈灰色，表明该命令在当前状态下不可用。

（5）菜单选项后加按键组合，表示该菜单命令可以通过按键组合来执行，如 < Ctrl + S > 表示同时按 < Ctrl > 和 < S > 键，可执行该菜单选项（保存）命令。

图 1 - 1 - 7　一级菜单举例

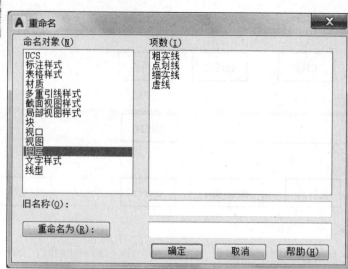

图 1-1-8　弹出的对话框

（6）菜单选项后加快捷键，表示该下拉菜单打开时，输入对应字母即可启动该菜单命令，如单击【文件】，打开【文件】菜单后，输入<O>可执行【打开】命令。

（7）AutoCAD 提供了关联菜单，右击时，系统将弹出相应的关联菜单。关联菜单的选项因右击环境的不同而变化，它提供了快速执行命令的方法。

▲注意：选择主菜单项有两种方法：一是使用鼠标，二是使用键盘。使用键盘主要是操作菜单项的快捷键。

3. 工具栏

工具栏是 AutoCAD 为用户提供的执行命令的一种快捷方式。单击工具栏上的按钮，即可执行该按钮对应的命令。如果将光标移至工具栏按钮上停留片刻，则会显示该按钮对应的命令名。同时，在状态行中将显示该工具栏按钮的功能说明和相应的命令名。

AutoCAD 中的工具栏可根据其所在的位置分为固定和浮动两种。固定的工具栏位于工作界面的边缘，其形状固定；浮动的工具栏可以位于工作界面的任何位置，可以修改其尺寸大小。用户可以将一个浮动的工具栏拖动到工作界面边缘，使之成为固定的工具栏；用户也可以将一个固定的工具栏拖动到工作界面中间，使之成为浮动的工具栏；还可以双击工具栏的标题栏，使之在固定和浮动状态之间自动切换。

AutoCAD 2020 提供了 40 多个工具栏，每一个工具栏上均有一些形象化的按钮。单击某一按钮，可以启动 AutoCAD 的对应命令。用户可以根据需要打开或关闭任一个工具栏。方法是：在已有工具栏上右击，弹出工具栏快捷菜单，通过其可实现工具栏的打开与关闭。

此外，通过选择与下拉菜单【工具】→【工具栏】→【AutoCAD】对应的子菜单命令，也可以打开 AutoCAD 的各工具栏。

"AutoCAD 经典"工作空间默认显示"标准"工具栏。用户可根据自己的需要打开或关闭相应的工具栏。操作方法：在任意工具栏空白处右击，系统弹出工具栏的关联菜单，用户在需要显示的工具栏前单击，系统会自动在该工具栏前打上"√"，并弹出相应的工具栏，用户可按需要拖放在绘图区里的任意位置。

▲**注意**：工具栏显示得越多，用户的绘图区域就越小，用户可以根据实际需要对工具栏进行取舍。

4. 状态栏

状态栏位于工作界面的底端。右侧显示的是当前十字光标所处的三维坐标值，下面是绘图辅助工具的开关按钮，包括捕捉、栅格、正交、极轴、对象捕捉、对象追踪、DUCS、DYN、线宽和模型，如图 1-1-9 所示。单击相应按钮，当其呈凹下状态时表示将此功能打开，当其呈凸起状态时表示将此功能关闭。各按钮的作用在以后知识点中作具体介绍。

图 1-1-9　状态栏

5. 命令行

命令行窗口由命令提示窗口和命令历史记录窗口两部分组成，如图 1-1-10 所示。命令提示窗口是 AutoCAD 2020 显示用户从键盘输入的命令和提示信息的地方。默认状态下，AutoCAD 2020 在命令提示窗口保留所执行的最后 3 行命令或提示信息。可通过拖动窗口边框的方式改变命令窗口的大小，使其显示多于 3 行或少于 3 行的信息。

图 1-1-10　命令行

用户可以隐藏命令行窗口，隐藏方法：单击【工具】→【命令行】，系统弹出【命令行 - 关闭窗口】对话框，如图 1-1-11 所示。单击【是】，即可隐藏命令行窗口；单击【否】，即可取消隐藏。

用户可以取消隐藏命令行窗口，取消隐藏方法：隐藏命令行窗口后，通过单击【工具】→【命令行】菜单命令可再显示出命令行窗口。

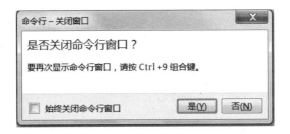

图 1-1-11　【命令行 - 关闭窗口】对话框

6. 绘图区

工作界面的黑色区域（默认情况下）即为绘图区域，用户在这里绘制和编辑图形。AutoCAD 2020 的绘图区域是无限大的，用户可以通过缩放、平移等命令在有限的工作界面的范围来观察绘图区中的图形。

有时为了需求，需要改换背景颜色，其操作方法如下：单击【工具】→【选项】→【显示】→【颜色】→在弹出的对话框中对【二维模型空间】的【统一背景】颜色进行设置→【应用并关闭】→【确定】。

（四）图形文件的管理

1. 创建新图形

新图形的创建有以下 3 种方式：

（1）在命令行中输入 New，按 < Enter > 键；

（2）单击【文件】→【新建】；

（3）单击【标准】工具栏中的【新建】按钮。

执行以上任何一种操作，系统弹出【选择样板】对话框，如图 1－1－12 所示。通过该对话框选择对应的样板后，单击【打开】按钮，就会以相对应的样板为模板建立新图形。

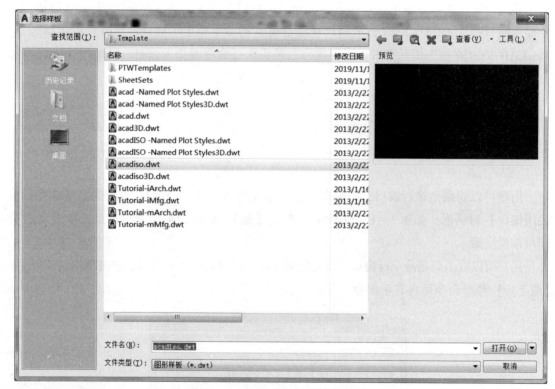

图 1－1－12 【选择样板】对话框

2. 打开图形文件

图形文件的打开有以下 3 种方式：

（1）在命令行中输入 Open，按 < Enter > 键；

（2）单击【文件】→【打开】；

（3）单击工具栏中的【打开】按钮。

执行图形文件打开命令，系统弹出【选择文件】对话框，如图 1 - 1 - 13 所示。通过该对话框选择要打开的图形文件后，单击【打开】按钮，即可打开该图形文件。在【选择文件】对话框中的列表框内选中某一图形文件时，一般会在右边的【预览】图像框内显示出该图形的预览图像。

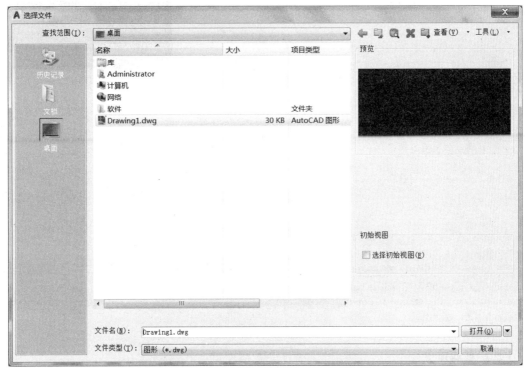

图 1 - 1 - 13　【选择文件】对话框

3. 保存图形

图形的保存有以下 5 种方式：

（1）在命令行中输入 Qsave，按 < Enter > 键；

（2）单击【文件】→【保存】菜单命令；

（3）单击【标准】工具栏中的【保存】按钮；

（4）在命令行中输入 Saves，按 < Enter > 键；

（5）单击【文件】→【另存为】。

AutoCAD 2020 提供将图形文件直接保存和将图形文件换名保存两种保存方式，下面分别进行介绍。

执行图形的保存命令，如果当前图形是第一次保存，系统会弹出如图 1 - 1 - 14 所示的【图形另存为】对话框。通过该对话框指定文件的保存位置及名称后，单击【保存】按钮，即可实现保存。如果执行 Qsave 命令前已对当前绘制的图形命名保存过，那么执行 Qsave 后，AutoCAD 直接以原文件名保存图形，不再要求用户指定文件的保存位置和文件名。

执行 Saves 命令，系统也会弹出如图 1 – 1 – 14 所示【图形另存为】对话框，要求用户确定文件的保存位置及文件名。

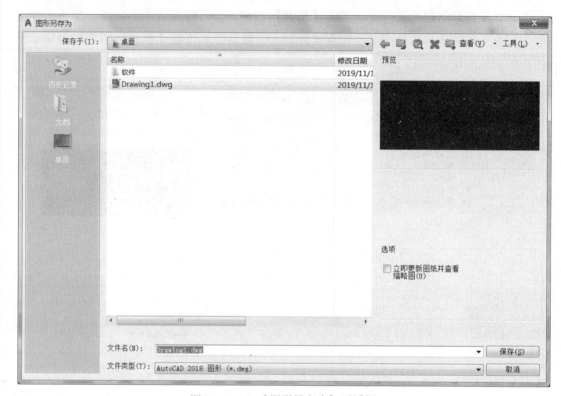

图 1 – 1 – 14 【图形另存为】对话框

（五）直线命令

1. 功能

在 AutoCAD 2020 中，直线段是一幅图形中最基本的元素。使用 Line 命令，可以在任意两点之间画直线。也可以连续输入下一点画出一系列连续的直线段，直到按 < Enter > 键或 < Space > 键退出画直线命令。

2. 调用命令的方法

（1）绘图工具栏：单击【直线】 按钮。

（2）命令行：输入 Line，按 < Enter > 键。

（3）菜单栏：单击【绘图】→【直线】。

3. 操作步骤

命令:_Line

指定第一点：　　　　　　　　　*输入直线段的起点,用鼠标指定点或者指定点的坐标*

指定下一点或[放弃(U)]：　　　　　　　　　　　　*输入直线段的端点*

指定下一点或[放弃(U)]: *输入下一直线段的端点。右击选择【确定】命令,或按<Enter>键,结束命令*

指定下一点或[闭合(C)/放弃(U)]: *输入下一直线段的端点,或输入选项C使图形闭合,结束命令*

4. 命令行中有关说明及提示

(1) 执行【直线】命令,一次可画一条直线段,也可连续画多条直线段。每条直线段都是一个独立的对象。

(2) 坐标输入时可以用输入指定点坐标值(坐标输入在以后项目中讲解)。

(3) U(Undo):消去最后画的一条线。

(4) C(Close):终点和起点重合,图形封闭。

(六) 执行命令

AutoCAD 2020属于人机交互式软件,当用AutoCAD 2020绘图或进行其他操作时,首先要向系统发出命令,具体方式如下。

1. 通过菜单执行命令

单击菜单栏上的按钮,可执行对应的操作命令。

2. 通过工具栏执行命令

单击工具栏上的按钮,可执行对应的操作命令。

3. 通过键盘输入命令

当命令提示窗口中最后一行为"命令"时,通过键盘输入对应的命令后按<Enter>键或<Space>键,即可启动对应的命令,然后系统会提示用户执行后续的操作。要想采用这种方式,需要用户记住各个操作命令。

4. 重复执行命令

当执行完某一命令后,如果需要重复执行该命令,除通过上述3种方式执行该命令外,还可以用以下方式重复执行命令。

(1) 直接按键盘上的<Enter>键或<Space>键。

(2) 使光标位于绘图窗口右击,系统会弹出快捷菜单,并在菜单的第一行显示出重复执行上一次所执行的命令,选择此菜单项可重复执行对应的命令。

5. 命令的放弃

【放弃】命令可以实现:从最后一个命令开始,逐一取消前面已经执行过的命令。调用该命令的方式如下。

(1) 单击【编辑】→【放弃】。

(2) 单击【标准】工具栏→【放弃】按钮。

(3) 命令行中直接输入:Undo或u,按<Enter>键。

6. 命令的重做

【重做】命令可以恢复刚执行的【放弃】命令所放弃的操作。调用该命令的方式如下。

（1）单击【编辑】→【重做】。

（2）单击【标准】工具栏→【重做】 ⇨ ▾按钮。

（3）命令行中直接输入：Redo，按＜Enter＞键。

7. 命令的终止

命令执行过程中，可通过按＜ESC＞键，或右击绘图窗口后在弹出的快捷菜单中选择【取消】菜单项终止命令的执行。

三、任务实施

第1步：启动 AutoCAD 2020。

单击【开始】→【程序】→【Autodesk】→【AutoCAD 2020 - Simplified chinese】→【AutoCAD 2020】，启动软件。

第2步：开始绘图。

（1）选择【文件】→【新建】命令，出现【选择样板】对话框，如图1-1-12所示，在模板列表框中选择"acad. dwt"，单击【打开】按钮。

（2）系统打开绘图界面，"选择 AtuoCAD 经典"界面，如图1-1-6所示。

第3步：绘制简单图形（三角形）。

先单击绘图工具栏中的【直线】 ╱按钮，然后在绘图窗口中任意单击给定两个点，最后输入字母 C，按下＜Enter＞键，闭合图形，如图1-1-1所示。

第4步：保存。

单击【文件】→【保存】菜单命令，系统会弹出如图1-1-14所示的【图形另存为】对话框，在【保存于】下拉列表中选择 E：\AutoCAD\1\Study 文件夹（此文件夹用户自己新建），在文本框中输入"练习1. dwg"，单击【保存】按钮。

自 测 题

一、思考题

1. AutoCAD 2020 软件最低系统需求是什么？请读者收集资料并整理出答案。

2. 什么是快捷菜单？

3. 如何切换 AutoCAD 的浮动工具栏、固定工具栏？

二、选择题

1. 多个文档的设计环境允许（　　）。

A. 同时打开多个文档，但只能在一个文档上工作

B. 同时打开多个文档，可在多个文档上同时工作

C. 只能打开一个文档，但可以在多个文档上同时工作

D. 不能在多个文档之间复制、粘贴

2. AutoCAD 的（　　）菜单中包含绘图命令。

A. 文件　　　　　　　　B. 工具　　　　　　　C. 格式　　　　　　　D. 绘图

3. 菜单后边有省略号这意味着（　　）。

A. 将有下一级菜单　　　　　　　　　　B. 菜单不可用

C. 单击菜单出现对话框　　　　　　　　D. 以命令的形式执行菜单相对应的命令

三、上机题

1. 启动 AutoCAD 2020，布置用户界面，如图 1 - 1 - 15 所示。

2. 启动 AutoCAD 2020，将用户界面重新布置：将图 1 - 1 - 15 所示的界面上的浮动工具栏变成固定工具栏。

图 1 - 1 - 15　布置用户界面

小　结

本任务主要介绍了 AutoCAD 2020 的一些基础知识及用该绘图软件进行绘图的基础操作。通过完成本任务，读者能够对 AutoCAD 2020 的基本操作有初步的认识，并产生浓厚兴趣。本任务的重点在于掌握 AutoCAD 2020 的启动与退出方法、界面组成以及命令的输入方法。

任务二　AutoCAD 2020 绘图环境的设置

知识目标

1. 掌握图形单位的设置方法。

2. 掌握图形界限的设置方法。

3. 掌握图层的设置与控制方法。

4. 掌握【栅格】【捕捉】【极轴】【对象捕捉】及【对象追踪】等辅助绘图工具的使用方法。

5. 掌握【删除】命令的使用方法。

◤ **能力目标**

具备根据图形尺寸正确设置图形边界、创建并使用图层的能力。

一、工作任务

绘制简单图，如图 1 – 2 – 1 所示，要求根据图形的尺寸设置绘图边界，根据需要创建图层，利用绘图辅助功能（如对象捕捉、对象追踪等）加快绘图速度，最后利用【删除】命令将多余的线去除。

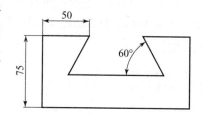

二、相关知识

（一）设置图形单位

1. 功能

用户在使用 AutoCAD 2020 绘图前，首先要对绘图区域进行设置，以便能够确定绘制的图样与实际尺寸的关系。一般情况下，在绘制图形之前需要先设置图形的单位，然后设置图形的界限。

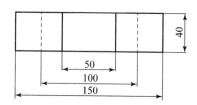

图 1 – 2 – 1　绘制简单视图样例

图形中绘制的所有对象都是根据单位进行测量的，绘图前应该首先确定度量单位，即确定一个单位代表的距离。如果没有特殊情况，一般保持默认设置。

2. 调用命令的方法

（1）命令行：输入 Units，按 < Enter > 键。

（2）菜单栏：单击【格式】→【单位】。

3. 操作步骤

（1）单击【格式】→【单位】，打开【图形单位】对话框，如图 1 – 2 – 2 所示。设置长度和角度单位的类型和精度，以确定正在绘制对象的真实大小。

（2）选择单位类型，确定图形输入、测量及坐标显示的值。长度选项的类型设有【分数】【工程】【建筑】【科学】【小数】5 种长度单位可供选择，一般情况下采用【小数】类型，这是符合国家标准的长度单位类型。长度选项的精度可选择小数单位的精度。

（3）在【图形单位】对话框中设置角度类型及精度。

（4）单击【方向】按钮，弹出【方向控制】对话框，可以选择基准角度，通常以【东】作为 0° 的方向，如图 1 – 2 – 3 所示。

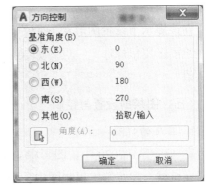

图 1 - 2 - 2 【图形单位】对话框   图 1 - 2 - 3 【方向控制】对话框

（二）设置图形界限

1. 功能

图形界限就是标明用户的工作区域和图纸的边界，设置图形界限就是为绘制的图形设置某个范围。国家标准规定图纸基本幅面尺寸如表 1 - 2 - 1 所示。

表 1 - 2 - 1   图纸基本幅面尺寸   mm

幅面代号	A0	A1	A2	A3	A4
宽×长（$B \times L$）	$841 \times 1\,189$	594×841	420×594	297×420	210×297
e	20			10	
c	10			5	
a	25				

2. 调用命令的方法

（1）命令行：输入 Limits，按 < Enter > 键。

（2）菜单栏：单击【格式】→【图形界限】。

3. 操作步骤

使用以上任何一种办法，命令行提示如下：

指定左下角点或【开（ON）/关（OFF）】< 0.0000,0.0000 >：   *输入要绘制图纸区域的左下角点的坐标*

指定右上角点 < 420.0000,297.0000 >：   *输入要绘制图纸区域的右上角点的坐标*

▲**注意**：单击【栅格】，显示所设置的图形界限。

4. 命令行中有关说明

开（ON）：选择该选项，进行图形界限检查，不允许在超出图形界限的区域内绘制对象。

关（OFF）：选择该选项，不进行图形界限检查，允许在超出图形界限的区域内绘制对象。

在该提示下设置图形左下角的位置，可以输入一个坐标值并按＜Enter＞键，也可以直接在绘图区用鼠标选定一点。如果接受默认值，直接按＜Enter＞键，尖括号内的数值就是默认值。

（三）图层的设置与控制

1. 图层的作用

在 AutoCAD 2020 中，图形中通常包含多个图层，它们就像一张张透明的图纸重叠在一起。在机械、建筑等工程制图中，图形中主要包括基准线、轮廓线、虚线、剖面线、尺寸标注以及文字说明等元素。如果用图层来管理这些元素，不仅会使图形的各种信息清晰有序、便于观察，还会给图形的编辑、修改和输出带来方便。

在 AutoCAD 2020 中，所有图形对象都具有图层、颜色、线型和线宽 4 个基本属性。使用不同的图层、颜色、线型和线宽绘制不同的对象元素，可以方便地控制对象的显示和编辑，提高绘制复杂图形的效率和准确性。

2. 图层的设置

1）【图层特性管理器】对话框的组成

选择【视图】→【图层】，打开【图层特性管理器】对话框（也可以通过单击 按钮打开）。在【过滤器】列表中显示了当前图形中所有使用的图层、组过滤器。在图层列表中，显示了图层的详细信息，如图 1－2－4 所示。

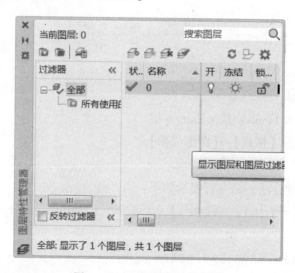

图 1－2－4　图层特性管理器

2）新建图层并设置图层特性

单击 📇 按钮打开【图层特性管理器】，单击【新建图层】📷 按钮，创建一个图层，并为其命名，设置线条颜色、线型、线宽等属性。单击 ☼ 按钮，可以冻结一个图层，且该图层在所有的视口中都被冻结。单击 📷 按钮，可将选中的图层删除。

3）图层颜色的设置

新建图层后，要改变图层的颜色，可在【图层特性管理器】对话框中单击图层的【颜色】列表，打开【选择颜色】对话框，如图 1-2-5 所示。

4）线宽的设置

要设置图层的线宽，可以在【图层特性管理器】对话框的【线宽】列表中单击该图层对应的线宽，打开如图 1-2-6 所示【线宽】对话框，有 20 多种线宽可供选择。也可以选择【格式】→【线宽】命令，打开【线宽设置】对话框，通过调整线宽比例，使图形中的线宽显示得更宽或更窄。

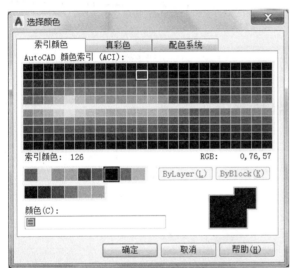

图 1-2-5 【选择颜色】对话框

图 1-2-6 【线宽】对话框

5）线型设置

线型是指图形基本元素中线条的组成和显示方式，如虚线和实线等。在 AutoCAD 2020 中既有简单线型，也有由一些特殊符号组成的复杂线型，以满足不同国家或行业标准的使用要求。常用的线形如表 1-2-2 所示。

表 1-2-2　常用线型

图线名称	图线形式	图线宽度	主要用途
粗实线	——————	b	可见轮廓线，$b=0.5\sim2$ mm
细实线	——————	约 $b/3$	尺寸线、尺寸界限、剖面线、引出线
波浪线	∿∿∿	约 $b/3$	断裂处的边界线、视图和剖视图的分界线

续表

图线名称	图线形式	图线宽度	主要用途
虚线	- - - - - - - - - - - -	约 $b/3$	不可见的轮廓线
点划线	—— · —— · —— · ——	约 $b/3$	轴线、对称中心线
粗点划线	━━ · ━━ · ━━	b	有特殊要求的表面的表示线
双点划线	—— · · —— · · ——	约 $b/3$	假想投影轮廓线、中断线
双折线	—⌐√—⌐√—	约 $b/3$	断裂处的边界线

在图 1-2-4 所示对话框中单击【线型】，弹出如图 1-2-7 所示的【选择线型】对话框，系统默认只提供 "Continuous" 一种线型，如果需要其他线型，可以在此对话框中单击【加载】，系统会弹出如图 1-2-8 所示的【加载或重载线型】对话框，在此对话框中选中需要的线型后单击【确定】，回到如图 1-2-7 所示【选择线型】对话框，将需要的线型选中后单击【确定】，即可完成线型的设置。

图 1-2-7 【选择线型】对话框

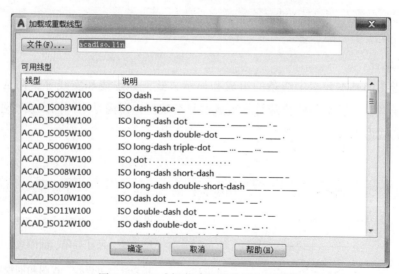

图 1-2-8 【加载或重载线型】对话框

6）图层的几种状态

（1）开/关 💡：当图层打开时，该图层上的对象可见，且可在其上绘图。关闭的图层不可见，但可绘图。

（2）冻结/解冻 ☀：冻结的图层不可见，且不能在其上绘图。该图层上的对象不被刷新。

（3）锁定/解锁 🔒：锁定的图层仍可见，能被捕捉，能在其上绘图，但是不能编辑图形。

7）当前图层的设置

用户可根据需要设置多个图层，但在绘制对象时只能在一个图层中进行，这个图层称为当前图层。将某个图层设置为当前图层的方法：先选中该图层，然后单击图 1 - 2 - 4 中的【置为当前】 ✔ 按钮即可。

（四）删除命令

1. 功能

绘图过程中，经常会产生一些没有用的对象、辅助线、错误图形等。AutoCAD 2020 中提供的【删除】命令，就是用来删除这些对象的。

2. 调用命令的方法

（1）修改工具栏：单击【删除】 ✐ 按钮。

（2）命令行：输入 Erase（E），按 < Enter > 键。

（3）菜单栏：单击【修改】→【删除】。

3. 操作步骤

命令：_Erase

选择对象：　　　　　　　　* 选择要删除的对象 *

选择对象：　　　　　　　　* 选择要删除的对象,直至右击(或按 < Enter > 键)结束选择,并删除所选中的对象 *

4. 命令行中有关说明及提示

启动【删除】命令后，光标变为正方形，此时应选择要删除的对象。被选中的对象以虚线方式显示出来。

▲注意：选择对象的方式有点选、框选栏选等许多种，考虑到用户刚接触 CAD 软件，任务中不宜涉及太多知识点，固在本任务中没有涉及此知识点，以后章节将详细介绍。

（五）绘图辅助工具的设置与使用

在绘图时，灵活运用 AutoCAD 所提供的绘图工具进行准确定位，可以有效地提高绘图的精确性和效率。在中文版 AutoCAD 2020 中，可以使用系统提供的【对象捕捉】【对象追踪】等功能，在不输入坐标的情况下快速、精确地绘制图形。本知识点主要介绍如何使用系统提供的栅格、捕捉和正交功能来精确定位点。

1. 栅格

栅格是一些标定位置的小点，类似于坐标纸的作用，可以提供直观的距离和位置参照。栅格在工作界面上显示，但不能打印出来。栅格的显示方法是：单击状态栏上的【栅格】

按钮，这时工作界面上显示出栅格点，即为打开；如再单击该按钮，栅格消失，即为关闭。

为了使栅格点的分布更合理，用户可以对栅格行列间距值、旋转角进行设置。方法是：在状态栏上的掌握【栅格】【正交】【极轴】【对象捕捉】【对象追踪】【动态】按钮上右击并选择【设置】命令，弹出【草图设置】对话框，如图1-2-9所示。

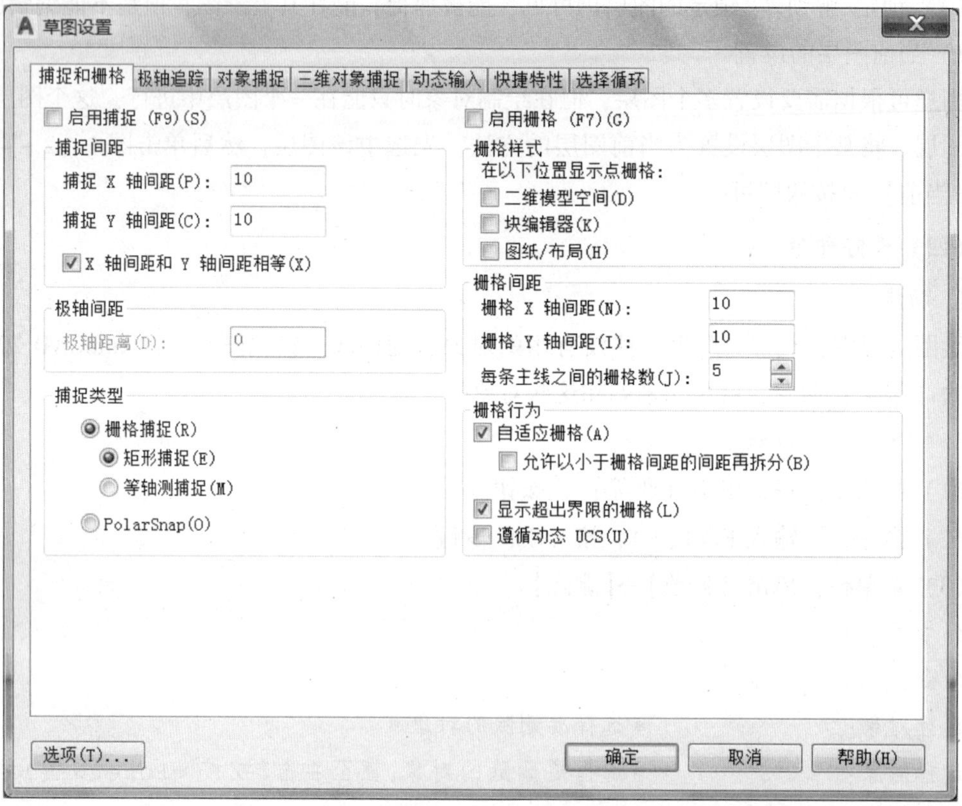

图1-2-9 【草图设置】对话框

在图1-2-9所示对话框中，【启用栅格】复选框中的"√"表示栅格已显示（如清除此"√"标志，表示栅格关闭）。如想改变栅格行列间距值，可在【栅格】选项区中的【栅格X轴间距】和【栅格Y轴间距】文本框中分别输入设定栅格点水平和垂直间距的值，单击【确定】按钮完成栅格的设置。

2. 捕捉

捕捉是指捕捉模型空间或图纸空间内的不可见点的矩形阵列，捕捉的开启与栅格相似，如图1-2-9所示。这里不再赘述。

3. 正交

在AutoCAD 2020程序窗口的状态栏中单击【正交】按钮，打开正交模式，可以方便地绘制出与当前X轴或Y轴平行的线段。也可按＜F8＞键打开或关闭。

▲注意：通过键盘输入点的坐标来绘制直线，不受正交模式的影响。

4. 对象捕捉

1）打开和关闭自动对象捕捉模式的方法

在绘图过程中，使用对象捕捉模式的频率非常高。为此，AutoCAD 2020 又提供了一种自动对象捕捉模式。自动捕捉就是当把光标放在个对象上时，系统自动捕捉到对象上所有符合条件的几何特征点，如端点、中点、交点、垂足、圆心、切点等，并显示相应的标记。如果把光标放在捕捉点上多停留一会，系统还会显示捕捉的提示。这样，在选点之前，就可以预览和确认捕捉点。

单击状态栏中的【对象捕捉】按钮，使其下凹即表示打开，再次单击使其凸起即表示关闭。

2）设置自动对象捕捉

用户可以根据自己的需要设置对象捕捉模式。

右击状态栏中的【对象捕捉】按钮，选择【设置】选项，出现【草图设置】对话框，在【对象捕捉】项卡中，选中【启用对象捕捉】复选框，如图 1 - 2 - 10 所示，即可选择需要自动捕捉的对象捕捉模式。

图 1 - 2 - 10 【草图设置】对话框中的【对象捕捉】选项卡

3）相关说明

【启用对象捕捉】复选框中的"√"表示对象捕捉已打开（如清除此"√"标志，表示对象捕捉关闭）。按下 <F3> 键，也可以打开或关闭对象捕捉。

▲注意：单击【全部清除】按钮，可清除全部已选的对象捕捉模式；单击【全部选择】按钮，可选择所有的对象捕捉模式。

▲**注意**：设置自动对象捕捉模式时，不能选中过多的对象捕捉模式。否则，绘图提示的捕捉点太多会降低绘图的操作性。

（1）端点□：在命令行提示指定点时，可以使用该命令捕捉离光标最近图线的一个端点。该命令可以捕捉到圆弧、椭圆弧、直线、多线、多段线、样条曲线、面域和射线的端点，或捕捉到宽线、实体以及三维面域的角点。捕捉到端点的显示效果如图1-2-11所示。

（2）中点△：在命令行提示指定点时，可以使用该命令捕捉离光标最近图线的中点。该命令可以捕捉到圆弧、椭圆、椭圆弧、直线、多线、多段线、面域、实体、样条曲线或参照线的中点。捕捉到中点的显示效果如图1-2-12所示。

图1-2-11　捕捉到端点的显示效果　　　　图1-2-12　捕捉到中点的显示效果

（3）圆心○：在命令行提示指定点时，可以使用该命令捕捉离光标最近曲线的圆心。该命令可以捕捉到圆弧、圆、椭圆或椭圆弧的圆心，还能捕捉到实体或者面域中圆弧的圆心。

（4）几何中心◇：在命令行提示指定点时，可以捕捉闭合多段线的几何中心，即形心，也叫几何重心（如三角形的几何中心就是三条中线的交点）。这是AutoCAD 2016版增添的功能，如要绘制正五边形的外接圆，AutoCAD 2016以前的版本，需要画辅助线来确定圆心，现在只要在对象捕捉的菜单里打开几何中心的捕捉就可以了，如图1-2-13所示。

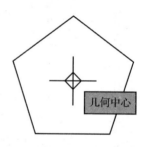

图1-2-13　捕捉到
几何中心的显示效果

（5）节点⊠：在命令行提示指定点时，可以使用该命令捕捉离光标最近的点对象、标注定义点或标注文字起点。

（6）象限点◇：在命令行提示指定点时，可以使用该命令捕捉离光标最近曲线的象限点。该命令可以捕捉到圆弧、圆、椭圆或椭圆弧的象限点。

（7）交点✕：在命令行提示指定点时，可以使用该命令捕捉离光标最近两图线的交点。该命令可以捕捉到圆弧、圆、椭圆、椭圆弧、直线、多线、多段线、射线、面域、样条曲线或参照线的交点。

（8）延长线┅：在命令行提示指定点时，可以使用该命令捕捉离光标最近图线的延伸点。当光标经过对象的端点时（不能单击），端点将显示小加号（＋），继续沿着线段或圆弧的方向移动光标，显示临时直线或圆弧的延长线，以便用户在临时直线或圆弧的延长线上指定点。如果光标滑过两个对象的端点后，在其端点处出现小加号（＋），则移动光标到两对象延伸线的交点附近，可以捕捉延伸交点。

（9）插入点 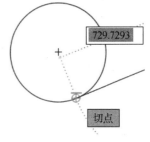：在命令行提示指定点时，可以使用该命令捕捉离光标最近的块、形或文字的插入点。

（10）垂足 ：在命令行提示指定点时，可以使用该命令捕捉外面一点到指定图线的垂足。用直线、圆弧、圆、多段线、射线、参照线、多线或三维实体的边等作为绘制垂直线的基础对象。

（11）切点 ：在命令行提示指定点时，可以使用该命令捕捉离光标最近的图线切点。该命令可以捕捉到直线与曲线或曲线与曲线的切点。如果作两个圆的公切线，执行切点捕捉时，公切线的位置与选择切点的位置有关。捕捉到切点的显示效果如图 1 - 2 - 14 所示。

729.7293

切点

图 1 - 2 - 14　捕捉到
切点的显示效果

（12）最近点 ：在命令行提示指定点时，可以使用该命令捕捉离光标最近的圆弧、圆、椭圆、椭圆弧、直线、多线、点、多段线、射线、样条曲线或参照线等图线上的点。

（13）外观交点 ：在命令行提示指定点时，可以使用该命令捕捉两个不相交图线的延伸交点。执行该命令后，分别单击这两条不相交的图线，则可以自动捕捉到延伸交点；也可以捕捉到虽不在同一平面但是可能看起来在当前视图中相交的两个对象的外观交点。

（14）平行线 ：在命令行提示指定点时，可以使用该命令捕捉与已知直线平行的直线。指定矢量的第一个点后，执行捕捉平行线命令，然后将光标移动到另一个对象的直线段上（注意，不要单击），该对象上会显示平行捕捉标记，然后移动光标到指定位置，屏幕上将显示一条与原直线平行的虚线对齐路径，用户在此虚线上选择一点后，通过单击或输入距离数值，即可获得第二个点。捕捉到平行线点的效果如图 1 - 2 - 15 所示。

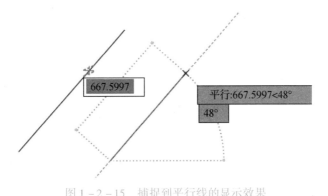

667.5997

平行:667.5997<48°

48°

图 1 - 2 - 15　捕捉到平行线的显示效果

5. 极轴追踪

1）打开和关闭极轴追踪模式的方法

在绘图过程中，绘制斜线是比较麻烦的，特别是在指定角度和长度的条件下，利用极坐标输入也很慢，因此 AutoCAD 设置了极轴追踪的方式，以显示图线与水平方向的夹角。

当移动光标接近设置的增量角的倍数时，将显示对齐路径和工具栏提示，如图1-2-16所示，可以用直接输入距离数值法绘制斜线；若移开光标，则对齐路径和工具栏提示消失。

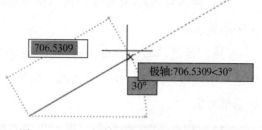

单击状态栏中的【极轴】按钮，使其凹下即表示打开，再次单击使其凸起即表示关闭。

图1-2-16 极轴追踪显示路径及指定角

2）设置极轴追踪

（1）右击状态栏中的【极轴】按钮，选择【设置】选项；出现【草图设置】对话框，在【极轴追踪】选项卡中选中【启用极轴追踪】复选框，如图1-2-17所示。

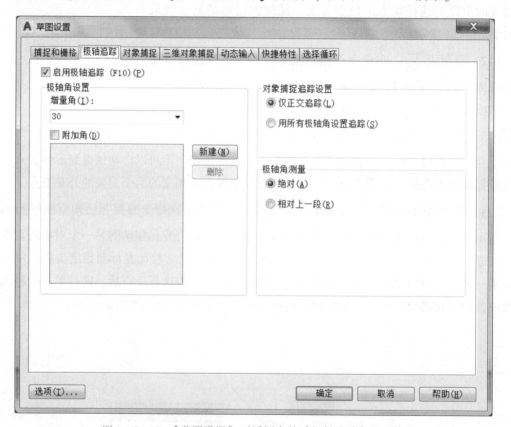

图1-2-17 【草图设置】对话框中的【极轴追踪】选项卡

（2）在【增量角】下拉列表框中设置显示极轴追踪对齐路径的极轴角增量，默认角度是90。可输入任何角度，也可以从下拉列表框中选择90、45、30、22.5、18、15、10或5中的一个常用角度，在光标移动到增量角的倍数数值的位置时，将显示极轴（一条虚线）。

（3）附加角：对于极轴追踪使用列表中增加的一种附加角度。

提示：附加角度是绝对的，而非增量的，有几个附加角，就显示几个极轴位置。

打开极轴追踪，则正交模式自动关闭，极轴追踪与正交模式只能二选一，不能同时使用。绘制直线时，确定第一点后，绘图窗口内显示样式（增量角为15°）。用户可以移动光标，确定第二点的方向，即与 X 正方向的夹角，然后利用直接输入距离数值法，在命令行输入线段的长度，绘制图形。

6. 对象捕捉追踪

1）打开和关闭对象追踪

使用自动追踪功能可以快速、精确地定位点，这在很大程度上提高了绘图效率。单击状态栏中的【对象追踪】按钮，使其下凹即表示打开，再次单击使其凸起即表示关闭。

2）设置对象追踪

右击状态栏中的【对象追踪】按钮，选择【设置】选项，出现【草图设置】对话框，如图 1 - 2 - 10 所示，在【对象捕捉】选项卡中，选中【启用对象捕捉追踪】复选框。

7. 使用动态输入

在 AutoCAD 2020 中，使用动态输入功能可以在指针位置处显示标注输入和命令提示等信息，从而极大地方便了绘图。

动态输入打开和关闭的方法为：单击状态栏中的 DYN 按钮，使其下凹即表示打开，再次单击使其凸起即表示关闭；或利用快捷键 < F12 >，快速打开或关闭动态输入模式。

1）启用指针输入

单击【草图设置】对话框的【动态输入】选项卡，如图 1 - 2 - 18 所示，选中【启用指针输入】复选框后，单击【设置】按钮，弹出如图 1 - 2 - 19 所示【指针输入设置】对话框，可以启用指针输入功能；也可以设置指针的格式和可见性。

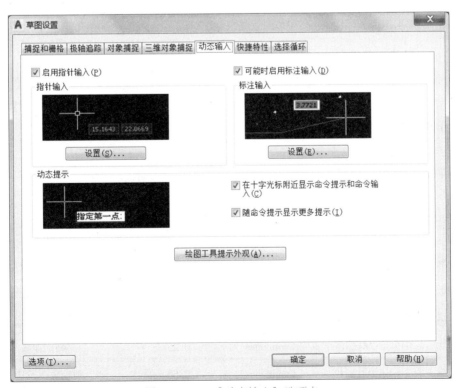

图 1 - 2 - 18 【动态输入】选项卡

2）启用标注输入

在图 1-2-18 所示的【动态输入】选项卡中，选中【可能时启用标注输入】复选框后，单击【设置按钮】，弹出 1-2-20 所示对话框，可以启用标注输入功能；可以设置标注的可见性。

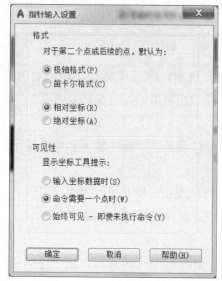

图 1-2-19 【指针输入设置】对话框

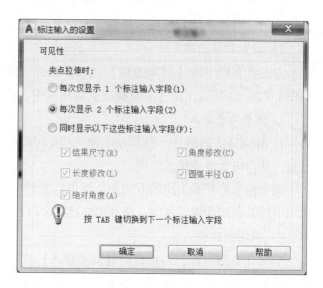

图 1-2-20 【标注输入的设置】对话框

三、任务实施

第 1 步：设置图形界限。

单击菜单栏中的【格式】→【单位】，设置长度单位为小数点后 2 位，角度单位为小数点后 1 位；单击菜单栏中的【格式】→【图形界限】，根据图形尺寸，将图形界限设置为 297 × 210。打开栅格，显示图形界限。

第 2 步：创建图层。

打开图层管理器，创建各个图层的特性如表 1-2-3 所示。

表 1-2-3 图层属性设置

层名	颜色	线型	线宽	功能
中心线	红色	Center	0.25	画中心线
虚线	黄色	Hidden	0.25	画虚线
细实线	蓝色	Continuous	0.25	画细实线及尺寸、文字
剖面线	绿色	Continuous	0.25	画剖面线
粗实线	白（黑）色	Continuous	0.50	画轮廓线及边框

第 3 步：设置对象捕捉。

右击状态栏上的【对象捕捉】→【设置】，设置极轴为 60°，并设置捕捉模式：端点、交点。

第 4 步：在合适的位置绘制主视图。

(1) 在图层下拉框中，选择"粗实线"图层。

(2) 单击绘图工具条上的【直线】按钮，命令行中出现"命令：_LINE 指定第一点："，此时用鼠标指定直线的起点。

命令行中出现"指定下一点或[放弃(U)]："＊此时输入100，按 <Enter> 键＊

命令行中出现"指定下一点或[放弃(U)]："＊此时先利用极轴捕捉 60°角，再输入 50，按 <Enter> 键＊

命令行中出现"指定下一点或[闭合(C)／放(弃 U)]："＊此时输入 50，按 <Enter> 键＊

命令行中出现"指定下一点或[闭合(C)／放(弃 U)]："＊此时输入 75，按 <Enter> 键＊

命令行中出现"指定下一点或[闭合(C)／放(弃 U)]："＊此时输入 150，按 <Enter> 键＊

命令行中出现"指定下一点或[闭合(C)／放(弃 U)]："＊此时输入 75，按 <Enter> 键＊

命令行中出现"指定下一点或[闭合(C)／放(弃 U)]："＊此时输入 50，按 <Enter> 键＊

命令行中出现"指定下一点或[闭合(C)／放(弃 U)]："＊此时输入 C，按 <Enter> 键＊

即可完成主视图。

(3) 打开"正交"模式，根据"长对正、高平齐、宽相等"的原则绘制俯视图及左视图。注意在绘制俯视图中的虚线时，要把"虚线"层置为当前层。

自　测　题

一、思考题

1. 如何快速绘制有一定倾斜角度的直线段，如 103°的直线段？

2. 如何快速绘制水平及竖直的直线段？如何过一点绘制某条直线的水平线（提示：设置对象捕捉中的特殊点）？

3. 图层具有哪些特性？简述图层管理图形的优点。

4. 关于图层的操作有哪些？

5. 为何将实体的线型、颜色、线宽设置成"随层（BYLAYER）"？

二、上机题

1. 操作要求如下。

(1) 建立新文件：运行 AutoCAD 2020 软件，建立新模板文件，模板的图形范围是 120×90，0 层颜色为红色（RED）加载线性为 acad – iso03w100。

(2) 保存：将完成的模板图形以 KSCAD1 – 2.1.DWT 为文件名保存在"考生"文件夹中，路径为 C:/ata/answer/001。

2. 操作要求如下。

（1）建立新文件：运行 AutoCAD 2020 软件，建立新模板文件，模板的图形范围是 4 200×2 900，网格（Grid）点间距为 100，光标捕捉（snap）间距为 100，并打开光标捕捉，长度单位和角度单位均采用十进制，精度为小数点后 2 位。

（2）保存：将完成的模板图形以 KSCAD1 - 2.3. DWT 为文件名保存在"考生"文件夹中，路径为 C：/09 机制 1 班文件夹下（文件夹需要用户新建)/001。

小 结

本任务首先介绍了绘图前必需的准备工作，即设置图形界限、建图层、设置对象捕捉；最后介绍了绘图辅助功能，每一个知识点都要求重点掌握，以便为以后的学习、绘图打下夯实的基础。

本任务设计得比较容易，主要是考虑到读者初次涉及 AutoCAD 软件，遵循了从易到难，从浅入深的认知规律。

任务三 精确绘制图形

📐 知识目标

1. 掌握坐标系的概念。

2. 掌握绝对直角坐标、相对直角坐标、绝对极坐标、相对极坐标定义。

3. 掌握利用绝对直角坐标、相对直角坐标、相对极坐标、直接输入距离精确绘图的方法。

4. 掌握 AutoCAD 中图形的显示方法。

📐 能力目标

具备利用输入坐标精确绘图的能力。

一、工作任务

绘制如图 1 - 3 - 1 所示图形，利用绝对直角坐标、相对直角坐标、绝对极坐标、相对极坐标精确绘图。

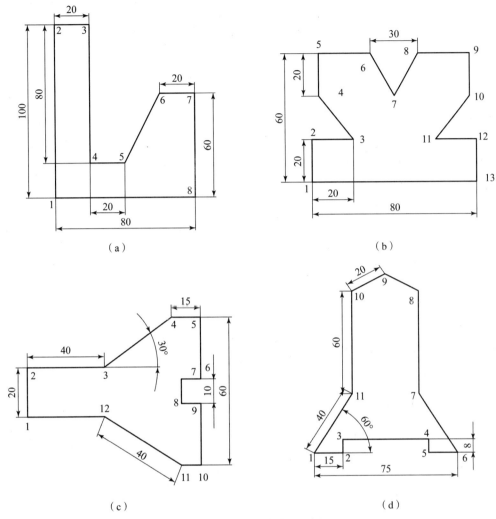

图 1 - 3 - 1 精确绘图示例

（a）利用绝对直角坐标画线；（b）利用相对直角坐标画线；

（c）利用相对极坐标画线；（d）直接输入距离画线

二、相关知识

（一）坐标系

AutoCAD 2020 使用了多种坐标系以方便绘图，如笛卡尔坐标（CCS）、用户坐标系（UCS）和世界坐标系（WCS）等。

1. CCS

任何一个物体都是由三维点所构成，有了一点的三维坐标值，就可以确定该点的空间位置。AutoCAD 2020 采用 CCS 来确定点的位置。打开软件，默认进入笛卡尔右手坐标系的第一象限。在状态栏中显示的三维数值即为当前十字光标所处的空间点在笛卡尔坐标系统中的位置。由于在默认状态下的绘图区窗口中，我们只能看到 XOY 平面，因而只有 X 和 Y 的坐标在不断的变化，而 Z 轴的坐标值一直为零。在缺省状态下，要把它看成是一个平面直角坐标系。

在 XOY 平面上绘制、编辑图形时，只需输入 X、Y 轴的坐标，Z 轴坐标由 CAD 自动赋值为 0。

2. UCS

AutoCAD 2020 提供了可变的 UCS，UCS 可根据需要而变化，以方便用户绘制图形。在缺省状态下，UCS 与 WCS 相同，用户可以在绘图过程中根据具体情况来定义 UCS。

单击【视图】→【显示】→【UCS 图标】可以打开和关闭坐标系图标。也可以设置是否显示坐标系原点，还可以设置坐标系图标的样式、大小及颜色。

3. WCS

WCS 是 AutoCAD 2020 的基本坐标系，位移从原点（0，0）开始计算，沿着 X 轴和 Y 轴的正方向位移为正向，反之为负；若在三维空间工作还应考虑 Z 轴，则原点坐标为（0，0，0）。

如图 1 - 3 - 2 所示，左图是 AutoCAD 2020 坐标系统的图标，而右图是 AutoCAD 2007 版之前的世界坐标系统，图标上有一个"W"，即 World（世界）的第一个字母。

图 1 - 3 - 2　世界坐标系

（二）坐标输入方法

用鼠标可以直接定位坐标点，但不是很精确。采用键盘输入坐标值的方式可以更精确地定位坐标点。

AutoCAD 2020 确定 XY 平面中的点的方法有：绝对直角坐标系、相对直角坐标系、相对极坐标系和直接输入距离数值。

1. 绝对直角坐标系

绝对坐标：是点相对于原点（0，0）的坐标。

其格式为：X，Y。其中，X 和 Y 分别是输入点绝对于原点的 X 坐标和 Y 坐标。

例如，在绘制二维直线的过程中，点的位置直角坐标为（100，80），则输入 100，80 后，按 < Enter > 键或 < Space > 键即可确定点的位置。

2. 相对直角坐标系

相对坐标：指在已经确定一点的基础上，下一点相对于该点的坐标。

其格式为：@ΔX、ΔY。其中，ΔX、ΔY 为相对于上一点的坐标增量，正值表示沿 X 轴或 Y 轴的正方向。

例如，在绘制直线时，确定第一点位置为（120，100）后，命令行提示输入第二点位置。若关闭动态输入，采用相对直角坐标方式，则输入@60，50 后按 < Enter > 键或 < Space > 键，确定第二点位置；若打开动态输入，采用相对直角坐标方式，即输入 60，50 后按 < Enter > 键或 < Space > 键，均可确定第二点位置。

3. 相对极坐标系

相对极坐标：是以上一个操作点为极点的坐标。

其格式为：@距离 < 角度（@ρ < θ）。ρ 表示输入点与上一点间的距离，θ 表示输入点与上一点间的连线与 X 轴正方向的夹角，逆时针为正。

例如，输入"@10 < 20"，表示该点距上一点的距离为 10，和上一点的连线与 X 轴成 20°。

4. 直接输入距离数值

利用直接输入距离数值的方法，可以通过确定直线的长度与方向来绘制直线，如图 1－3－1（d）所示。其显示的距离和角度是 AutoCAD 提供的动态输入模式，在光标附近提供了一个命令界面，用户可以在绘图窗口直接观察下一步的提示信息和一些有关的数据；该信息随光标移动而动态更新。当某个命令被激活时，提示工具栏将为用户提供输入命令和数据的坐标值。

利用直接输入距离数值的方法，方向可由光标的位置确定，线的长度可由键盘输入。如果设置为正交选项，就可以在确定长度后，在正交方向上用光标定位，沿着 X 轴或 Y 轴绘制直线。

（三）图形的显示与控制

1. 图形的缩放和平移

为了方便绘制图形和查看图形，最常用的方法是缩放和平移视图。在 AutoCAD 2020 中，有很多种方法进行缩放和平移，如选择【视图】菜单下的【缩放】和【平移】命令；或者在【缩放】工具栏中直接单击相应的命令，如图 1－3－3 所示。

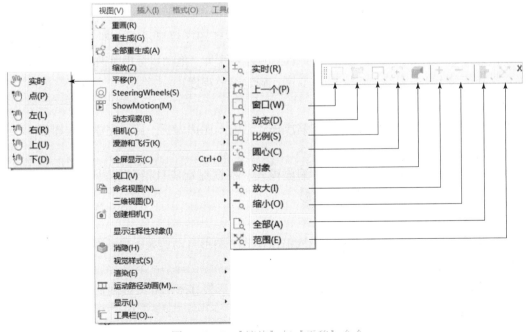

图 1－3－3　【缩放】与【平移】命令

1）视图平移

查看图形时，为了看清图形的其他部分，可以使用【平移】命令，视图平移不会改变图形中对象的位置或比例，只改变视图位置。

选择【视图】→【平移】→【实时】命令，或者单击【标准】工具栏上的【实时平移】🖐 按钮，或者在命令行中输入 Pan 命令，则光标在视图中呈 🖐 形状，按住鼠标左键进行拖动即可对视图进行平移操作。也可以直接按下鼠标中键启动【实时平移】命令。

需要取消平移操作时，可按 <Enter> 键或 <Esc> 键，或右击，然后在弹出的快捷菜单中选择【退出】命令。

2）视图缩放

【缩放】命令可以增加或减少图形对象的显示尺寸，但对象的真实尺寸保持不变。通过改变显示区域和图形对象的大小可以更准确、更详细地绘图。

（1）实时缩放。

单击【实时缩放】 ±🔍 按钮，进入实时缩放模式，鼠标指针变为带有加号 "＋" 和减号 "－" 的放大镜形状，此时向上拖动鼠标可放大整个图形，向下拖动鼠标可缩小整个图形，释放鼠标后停止缩放。

（2）窗口缩放。

单击【窗口缩放】 🔍 按钮，进入窗口缩放模式，根据命令行提示信息指定窗口第一个角点和对角点，两个角点确定一个矩形框，即可缩放该矩形框内的图形。

（3）缩放上一个。

单击【缩放上一个】按钮，进入缩放上一个模式，即可撤销上一步视图控制操作，返回上一视图。

（4）动态缩放。

单击【动态缩放】按钮，进入动态缩放模式，在绘图区将显示一个带 "×" 的矩形方框，单击选择窗口中心，显示一个位于右边框的方向箭头，拖动鼠标即可改变选择窗口的大小确定选择区域大小，最后按下 <Enter> 键，确定缩放程度。

（5）比例缩放。

单击【比例缩放】按钮，进入比例缩放模式，输入比例因子，即可完成缩放图形。

（6）中心缩放。

单击【中心缩放】按钮，进入中心缩放模式，根据提示信息指定新图形的中心点，再输入比例因子或指定高度，即可缩放图形。

（7）放大和缩小。

单击【放大】或【缩小】按钮，进入缩放模式，图形自动放大一倍或缩小一倍。

（8）全部缩放。

单击【全部缩放】按钮，进入全部缩放模式，图形根据图形界限或图形范围尺寸缩放。

（9）范围缩放。

单击【范围缩放】按钮，进入范围缩放模式，图形根据图形本身尺寸缩放，最大化显示当前图形。

2. 视图的鸟瞰与控制

鸟瞰视图是一种定位工具，它在另外一个独立窗口中显示整个图形视图以便快速移动到目的区域。在绘图时，如果鸟瞰视图保持打开状态，则可以直接进行缩放和平移，不需要选择菜单选项或输入命令。

1）使用鸟瞰视图观察图形

在鸟瞰视图中，可以使用矩形框来设置图形观察范围。其中，若要放大图形，可缩小矩形框；若缩小图形，可放大矩形框。

2）改变鸟瞰视图更新状态

在鸟瞰视图中，利用【选项】菜单可以改变其更新状态。

（1）【自动视口】：选择该命令时，可在切换视口时自动更新鸟瞰视图；关闭该命令时，将不能更新鸟瞰视图以匹配当前视口。

（2）【动态更新】：选择该命令时，可以在更新视口（如缩放、平移当前视图）时自动更新鸟瞰视图。关闭该命令时，将不能自动更新鸟瞰视图窗口，这时可单击鸟瞰视图窗口手动更新。

（3）【实时缩放】：选择该命令时，可在鸟瞰视图定义视口边界过程中，同时更新视口。

3）改变鸟瞰视图图像的大小

在【鸟瞰视图】窗口的工具栏上可单击相应的工具按钮来改变鸟瞰视图中图像的大小，但这些改变并不会影响到绘图区域中的视图。

（1）【放大】🔍：将鸟瞰视图放大一倍。

（2）【缩小】🔍：将鸟瞰视图缩小一倍。

（3）【全局】🔍：在鸟瞰视图中显示整个图形。

三、任务实施

第1步：利用绝对直角坐标，绘制图1-3-1（a）所示图形。

（1）新建文件，文件名为"绝对直角坐标"。

（2）建立绝对坐标表格。各点的绝对坐标如表1-3-1所示。

表1-3-1 绝对直角坐标

点	坐标	点	坐标
1	100，100	6	160，160
2	100，200	7	180，160
3	120，200	8	180，100
4	120，120	返回1点	C
5	140，120		

（3）运用绝对坐标绘制图形。

执行【直线】命令。命令提示序列如下：

命令:_line 指定第一点:100,100

指定下一点或[放弃(U)]:100,200

指定下一点或[放弃(U)]:120,200

指定下一点或[闭合(C)/放弃(U)]:120,120

指定下一点或[闭合(C)/放弃(U)]:140,1 200

指定下一点或[闭合(C)/放弃(U)]:160,160

指定下一点或[闭合(C)/放弃(U)]:180,160

指定下一点或[闭合(C)/放弃(U)]:180,100

指定下一点或[闭合(C)/放弃(U)]:C

命令:ZOOM

指定窗口的角点,输入比例因子(nX 或 nXP),或者[全部(A)/中心(C)/动态(D)/范围(E)/上一个(P)/比例(S)/窗口(W)/对象(O)]<实时>:A

第2步：利用相对直角坐标，绘制图 1 – 3 – 1 （b）所示图形。

（1）新建文件，文件名为"相对直角坐标"。

（2）建立相对直角坐标表格。各点的相对直角坐标如表 1 – 3 – 2 所示。

表 1 – 3 – 2　相对直角坐标

点	坐标	点	坐标
1	50, 50	8	@15, 15
2	@0, 20	9	@25, 0
3	@20, 0	10	@0, －20
4	@ －20, 0	11	@ －20, －20
5	@0, 20	12	@20, 0
6	@25, 0	13	@0, －20
7	@15, －15	返回原点	C

（3）运用相对坐标绘制图形。

执行【直线】命令。命令提示序列如下：

命令:_line 指定第一点:50,50

指定下一点或[放弃(U)]:@0,2 0

指定下一点或[放弃(U)]:@20,0

指定下一点或[闭合(C)/放弃(U)]:@ -20, -20

指定下一点或[闭合(C)/放弃(U)]:@0,2 0

指定下一点或[闭合(C)/放弃(U)]:@25,0

指定下一点或[闭合(C)/放弃(U)]:@15,-15

指定下一点或[闭合(C)/放弃(U)]:@15,15

指定下一点或[闭合(C)/放弃(U)]:@25,0

指定下一点或[闭合(C)/放弃(U)]:@0,-20

指定下一点或[闭合(C)/放弃(U)]:@-20,-20

指定下一点或[闭合(C)/放弃(U)]:@20,0

指定下一点或[闭合(C)/放弃(U)]:@0,-20

指定下一点或[闭合(C)/放弃(U)]:C

命令:Zoom

指定窗口的角点,输入比例因子(nX 或 nXP),或者[全部(A)/中心(C)/动态(D)/范围(E)/上一个(P)/比例(s)/窗口(W)/对象(O)]<实时>:A

第3步:利用相对极坐标,绘制图1-3-1(c)所示图形。

(1)新建义件,文件名为"相对极坐标"。

(2)建立相对极坐标表格。各点的相对极坐标如表1-3-3所示。

表1-3-3 相对极坐标

点	坐标	点	坐标
1	50,50	8	@10<-90
2	@20<90	9	@10<0
3	@40<0	10	@25<-90
4	@40<30	11	@15<180
5	@15<0	12	@40<150
6	@25<-90	返回原点	C
7	@10<180		

(3)利用相对极坐标绘制图形。

执行【直线】命令。命令提示序列如下:

命令:_line 指定第一点:50,50

指定下一点或[放弃(U)]:@20<90

指定下一点或[放弃(U)]:@40<0

指定下一点或[闭合(C)/放弃(U)]:@40<30

指定下一点或[闭合(C)/放弃(U)]:@15<0

指定下一点或[闭合(C)/放弃(U)]:@25<-90

指定下一点或[闭合(C)/放弃(U)]:@10<180

指定下一点或[闭合(C)／放弃(U)]:@10 < -90

指定下一点或[闭合(C)／放弃(U)]:@10 <0

指定下一点或[闭合(C)／放弃(U)]:@25 < -90

指定下一点或[闭合(C)／放弃(U)]:@15 <180

指定下一点或[闭合(C)／放弃(U)]:@40 <150

指定下一点或[闭合(C)／放弃(U)]:C

命令:Zoom

指定窗口的角点,输入比例因子(nX 或 nXP),或者 [全部(A)／中心(C)／动态(D)／范围(E)／上一个(P)／比例(S)／窗口(W)／对象(O)] <实时 >:A

第4步:直接输入距离数值画线,绘制图 1 - 3 - 1 (d) 所示图形。

(1) 新建文件,名称为"直接输入距离数值画线"。

(2) 直接输入距离数值画线。

①执行【直线】命令,用鼠标在绘图区域指定一点,作为图形左下角的点,然后水平移动鼠标,单击 DYN 按钮,使其凹下,打开动态输入,用键盘输入距离数值15 后按 < Enter > 键。

②垂直向上移动鼠标,用键盘输入距离数值8 后按 < Enter > 键。

③水平向右移动鼠标,用键盘输入距离数值30 后按 < Enter > 键。

④垂直向下移动鼠标,用键盘输入距离数值8 后按 < Enter > 键。

⑤水平向右移动鼠标,用键盘输入距离数值15 后按 < Enter > 键。

⑥倾斜向上移动鼠标,用键盘输入距离数值40 后按 < Enter > 键,注意角度为120。

⑦垂直向上移动鼠标,用键盘输入距离数值60 后按 < Enter > 键。

⑧倾斜向上移动鼠标,用键盘输入距离数值20 后按 < Enter > 键,注意角度为120。

⑨倾斜向下移动鼠标,用键盘输入距离数值20 后按 < Enter > 键,注意角度为120。

⑩垂直向下移动鼠标,用键盘输入距离数值60 后按 < Enter > 键。

⑪用键盘输入字母 "c" 后按 < Enter > 键完成绘制。

提示:在角度不能确定的情况下,可以在输入长度数据后,按 < Tab > 键切换为角度输入后,输入角度数据,最后按 < Enter > 键完成图线的绘制。

自 测 题

一、思考题

1. 在对视图进行平移操作时,除选择【视图】【平移】【实时】命令外,还可在命令行中输入什么命令?其快捷键是什么?

2. 在对视图进行缩放操作时,可在命令行中输入什么命令?其快捷键是什么?

二、选择题

1. 要将打开的视图以最大范围显示在窗口上，应选择以下哪个按钮？（   ）

A. 窗口缩放   　　C. 比例缩放   　　B. 动态缩放   　　D. 范围缩放

2. 以下对视图缩放的各种描述中，错误的是（   ）。

A. 在对视图进行缩放的同时，也改变了图形对象的比例大小

B. 要对视图进行缩放操作，可在命令行中输入"Z"

C. 在缩放视图选择"比例（S）"选项时，表示将当前窗口中心作为中心点，并且依据输入的相关参数值进行缩放

D. 对视图进行缩放操作时，可以按 < Ctrl + Z > 组合键返回到上次的视图环境中

3. 下面对视图与视口的描述错误的是（   ）。

A. 命名视图是指将某一视图的状态以某种名称保存起来

B. 恢复视图是指将保存了的视图恢复为当前显示

C. 在创建的多个平铺视口中，不能改变视口的大小

D. 对于多个平铺视口中的某个视口，不能再次分割视图

4. 以下坐标输入中，（   ）是相对极坐标的输入方法。

A. 10，10   　　B. @10，20   　　C. @30 < 45   　　D. 30 < 45

二、上机题

1. 用 4 种不同的坐标输入法绘制图 1 – 3 – 4、图 1 – 3 – 5 所示图形。

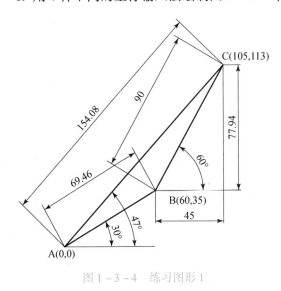

图 1 – 3 – 4　练习图形 1

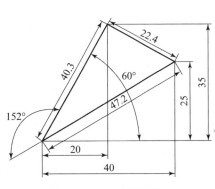

图 1 – 3 – 5　练习图形 2

2. 依据国家标准绘制明细表。

小　　结

本任务主要介绍了 4 种坐标输入法，以及图形的显示方法，用户应熟练掌握。

项目二 简单图形的绘制

任务一 绘制手柄

知识目标

1. 掌握【圆】命令的使用方法。
2. 掌握【椭圆】命令的使用方法。
3. 了解【圆弧】【椭圆弧】命令的使用方法。
4. 掌握对象的选择方式。

能力目标

通过对手柄的绘制，学习如何灵活恰当地缩放和平移图形，具备绘制有关圆弧连接的平面图形的能力。

一、工作任务

绘制手柄，如图2-1-1所示，要求用A4图纸、不留装订边、横放，利用【对象捕捉】【对象追踪】【圆】【圆弧】【偏移】等命令，按照国家标准的有关规定绘制，最后要将多余的线去掉，无须标注尺寸。

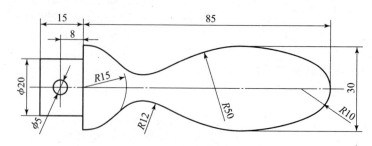

图2-1-1 手柄样例

二、相关知识

（一）圆命令

1. 功能

AutoCAD 2020 提供了许多种画圆的方法，包括以圆心、半（直）径绘圆，以两点方式绘圆，以三点方式绘圆，以相切、相切、半径绘圆，以相切、相切、相切绘圆等。

2. 调用命令的方法

（1）绘图工具栏：单击【圆】⊙按钮。

（2）命令行：输入 Circle，按 <Enter> 键。

（3）菜单栏：单击【绘图】→【圆】。

3. 操作步骤

命令:_circle

指定圆的圆心或[三点(3P)/两点(2P)/相切、相切、半径(T)]:　　　*指定圆心*

指定圆半径或[直径(D)]:　　　　　　　　　　　　　*输入半径值,按回车确定*

4. 命令行中有关说明及提示

（1）圆心、半径（R）：给定圆的圆心及半径画圆。

（2）圆心、直径（D）：给定圆的圆心及直径画圆。

（3）两点（2P）：给定圆的直径的两个端点绘制圆。

（4）三点（3P）：给定圆的任意 3 个点绘制圆。

（5）相切、相切、半径（T）：给定与圆相切的两个对象和圆的半径绘制圆。

（6）相切、相切、相切（A）：给定与圆相切的 3 个对象绘制圆。

（二）圆弧命令

选择菜单【绘图】→【圆弧】命令中的子命令，或在绘图工具栏中单击【圆弧】⌒按钮，即可绘制圆弧。在 AutoCAD 2020 中，圆弧的绘制方法有 11 种。建议初学者不使用此命令，遇到圆弧连接的图形，可用圆命令配合修剪命令绘制。

（三）偏移命令

1. 功能

利用【偏移】命令创建一个与选择对象形状相同，等距的平行直线、平行曲线和同心椭圆，如图 2－1－2 所示。

2. 调用命令的方法

（1）绘图工具栏：单击【偏移】⊂。

（2）命令行：输入 OFFSET，按 <Enter> 键。

（3）菜单栏：单击【修改】→【偏移】。

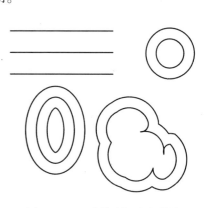

图 2－1－2 【偏移】命令效果

3. 操作步骤

命令:_OFFSET

当前设置:删除源=否　图层=源　OFFSETGAPTYPE=0

指定偏移距离或[通过(T)/删除(E)/图层(L)]<10.000 0>:　　　*指定偏移距离*

选择要偏移的对象,或[退出(E)/放弃(U)]<退出>:　　　　　*选择源对象*

指定要偏移的那一侧上的点,或[退出(E)/多个(M)/放弃(U)<退出>:

在对象的外侧单击

选择要偏移的对象,或[退出(E)/放弃(U)]<退出>:　　　*按<Enter>键结束*

(四) 修剪命令

1. 功能

在指定剪切边界后，可连续选择被切边进行修剪。

2. 调用命令的方法

(1) 绘图工具栏：单击【修剪】 按钮。

(2) 命令行：输入 TRIM，按<Enter>键。

(3) 菜单栏：单击【修改】→【修剪】。

3. 操作步骤

命令:_trim

当前设置:投影=UCS　边=无

选择剪切边….

选择对象:　　　　　　　　　　　　　　*用鼠标选择要修剪的边界*

选择对象:　　　　　　　　　　　　　　*按<Enter>键,结束命令*

选择要修剪的对象,或按住 shift 键选择要延伸的对象,或[栏选(F)/窗交(C)/投影
(P)/删除(R)/放弃(U)]:　　　　　　　　　　　　　　*单击要修剪的边*

选择要修剪的对象,或按住 shift 键选择要延伸的对象,或[栏选(F)/窗交(C)/投影
(P)/删除(R)/放弃(U)]:　　　　　　　　　　　*按<Enter>键,结束命令*

修剪操作实例如图 2 - 1 - 3 所示。

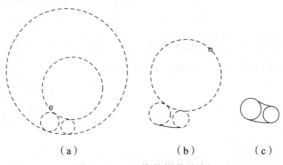

(a)　　　　　　(b)　　　　(c)

图 2 - 1 - 3　修剪操作实例

(a) 选择修剪对象；(b) 选择修剪边界；(c) 修剪结果

（五）椭圆命令

1. 功能

AutoCAD 2020 提供了两种画椭圆的方法。

2. 调用命令的方法

（1）绘图工具栏：单击【椭圆】 ⬯ 按钮。

（2）命令行：输入 Ellipse，按 <Enter> 键。

（3）菜单栏：单击【绘图】→【椭圆】。

3. 操作步骤

命令:_ellipse

指定椭圆的轴端点或 [圆弧(A)/中心点(C)]：   *给定椭圆的一个轴端点*

指定轴的另一个端点：   *指定椭圆长轴或短轴的一个端点*

指定另一条半轴长度或 [旋转(R)]：   *指定椭圆另一条轴的端点*

4. 命令行中有关说明及提示

（1）中心点（C）：用指定的中心点创建椭圆。

（2）端点：定义第一条轴的起点。

（3）旋转（R）：通过绕第一条轴旋转定义椭圆的长轴短轴比例。

（六）椭圆弧命令

1. 功能

AutoCAD 2020 提供了两种画椭圆的方法。

2. 调用命令的方法

（1）绘图工具栏：单击【椭圆弧】 ⬯ 按钮。

（2）命令行：输入 Ellipse，在选择"圆弧（A）"选项，按 <Enter> 键。

（3）菜单栏：单击【绘图】→【椭圆弧】。

3. 操作步骤

命令:_ellipse

指定椭圆的轴端点或 [圆弧(A)/中心点(C)]:a   *输入 a,选择圆弧选项*

指定椭圆弧的轴端点或 [中心点(C)]：   *指定椭圆长轴或短轴的第一端点*

指定轴的另一个端点：   *指定椭圆长轴或短轴的长轴第二端点*

指定另一条半轴长度或 [旋转(R)]：   *指定椭圆另一条轴的长度*

指定起始角度或 [参数(P)]：   *指定起始角度*

指定终止角度或 [参数(P)/包含角度(I)]：   *指定终止角度*

（七）选择对象的方式

1. 点选方式

用户可以移动光标逐个单击要选择的目标，该对象即被选中，并被添加到选择集中；被选中的图形对象以虚线高亮显示，以区别其他图形。

2. 窗口方式

用户可使用光标在绘图区上指定两个点来定义一个矩形窗口。如果某些可见对象完全包含在该窗口之中，则这些对象将被选中。

窗口方式选择对象常用下述方法：在选择对象时首先确定窗口的左侧角点，在向右拖动定义窗口的右侧角点。此时，只有完全包含在选择窗口中的对象才被选中。

3. 窗交方式

操作方式类似与窗口方式，该模式同样需要用户在绘图区指定两个点来定义一个矩形窗口。不同之处在于，该矩形窗口显示为虚线的形式，而且在该窗口之中所有可见对象均将被选中，而无论其是否完全位于该窗口中。

窗交方式选择对象常用下述方法：在选择对象时首先确定窗口的右侧角点，在向左拖动定义窗口的左侧角点。此时，完全包含在窗口中以及与窗口 4 个边相交的对象均被选中。

4. 栏选方式

在该模式下，用户可指定一系列的点来定义一条任意的折线作为选择栏，并以虚线的形式显示在屏幕上，所有其相交的对象均被选中。

5. 全选方式

将图形中除冻结、锁定层上的所有对象选中，可以使用全部方式选择对象。当命令提示为"选择对象"时，输入"ALL"，按 < Enter > 键即可。

6. 错选时的应对措施

在选择目标时，有时会不小心选中不该选择的目标，这时用户可以输入 R 来响应"select objects："提示，然后把一些误选的目标从选择集中剔除，然后输入 A，再向选择集中添加目标。当所选择实体和别的实体紧挨在一起时可在按住 < CTRL > 键的同时，然后连续单击紧挨在一起的实体，使其依次高亮度显示，直到所选实体高亮度显示，再按下 < Enter > 键（或右击），即选择了该实体。

7. 取消选择方式

在"选样对象："提示下，输入 Undo（按 < Enter > 键）将取消最后一次进行的对象选择操作。

8. 结束选择方式

在"选择对象："提示下，直接按 < Enter > 键响应，结束对象选择操作，进入指定的编辑操作。

三、任务实施

绘制手柄过程如下。

第 1 步：设置图形界限。

单击菜单【格式】→【单位】设置长度单位为小数点后 2 位，角度单位为小数点后 1 位；

单击菜单【格式】→【图形界限】，根据图形尺寸，将图形界限设置为210×297。单击状态栏中的【栅格】，按钮凹下，栅格打开，显示图形界限。

第2步：创建图层。

打开图层管理器，创建各个图层的特性如表2-1-1所示。

表2-1-1 图层特性

层名	颜色	线型	线宽	功能
中心线	红色	Center	0.25	画中心线
虚线	黄色	Hidden	0.25	画虚线
细实线	蓝色	Continuous	0.25	画细实线及尺寸、文字
剖面线	绿色	Continuous	0.25	画剖面线
粗实线	白（黑）色	Continuous	0.50	画轮廓线及边框

第3步：设置对象捕捉。

右击状态栏上的【对象捕捉】→【设置】设置捕捉模式：端点、交点、切点。为提高绘图速度，用户最好同时打开【对象捕捉】【对象追踪】【极轴】。

第4步：绘制手柄。

（1）画基线。

在图层下拉框中，选择【点划线】图层。利用【偏移】命令，画出基准线，并根据各个封闭图形的定位尺寸画出定位线，如图2-1-4所示。

（2）画出已知线段。

利用【直线】命令，绘制尺寸为20、15 、8的已知线段。利用【圆】命令，绘制直径为5的圆；利用【圆】命令，绘制R15、R10的圆，如图2-1-5所示。

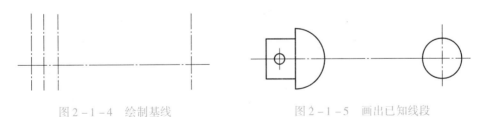

图2-1-4 绘制基线 图2-1-5 画出已知线段

（3）画出中间线段。

调用【圆】命令。

命令行中出现"命令：_circle 指定圆的圆心或[三点(3P)/两点(2P)/相切、相切、半径(T)]："时，输入T，按<Enter>键。

命令行中出现"指定对象与圆的第一个切点："时，指定距离中心线上侧为15的线作为辅助线，线上的某个点为第一个切点。

命令行中出现"指定对象与圆的第二个切点:"时,指定 R10 圆的某个点为第二个切点。

命令行中出现"指定圆的半径 <10.000 0>:"时,输入 50,按<Enter>键。

重新调用【圆】命令。

命令行中出现"命令:_circle 指定圆的圆心或〔三点(3P)/两点(2P)/相切、相切、半径(T)〕:"时,输入 T,按<Enter>键。

命令行中出现"指定对象与圆的第一个切点:"时,指定距离中心线下侧为 15 的作为辅助线,线上的某个点为第一个切点。

命令行中出现"指定对象与圆的第二个切点:"时,指定 R10 圆的某个点为第二个切点。

命令行中出现"指定圆的半径 <10.000 0>:"时,输入 50,按<Enter>键。如图 2-1-6 所示。

(4) 画出连接线段。

调用【圆】命令。

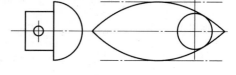

图 2-1-6 画出中间线段

命令行中出现"命令:_circle 指定圆的圆心或〔三点(3P)/两点(2P)/相切、相切、半径(T)〕:"时,输入 T,按<Enter>键。

命令行中出现"指定对象与圆的第一个切点:"时,指定 R15 圆上的某个点为第一个切点。

命令行中出现"指定对象与圆的第二个切点:"时,指定 R50 圆上的某个点为第二个切点。

命令行中出现"指定圆的半径 <10.000 0>:"时,输入 12,按<Enter>键。

重新调用【圆】命令。

命令行中出现"命令:_circle 指定圆的圆心或〔三点(3P)/两点(2P)/相切、相切、半径(T)〕:"时,输入 T,按<Enter>键。

命令行中出现"指定对象与圆的第一个切点:"时,指定 R15 圆上的某个点为第一个切点。命令行中出现"指定对象与圆的第二个切点:"时,指定 R50 圆上的某个点为第二个切点。

命令行中出现"指定圆的半径 <10.000 0>:"时,输入 12,按<Enter>键。如图 2-1-7 所示。

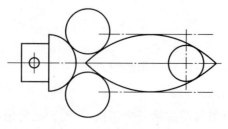

图 2-1-7 画出连接线段

（5）修剪。

调用【修剪】命令，将多余线段修剪，如图 2 - 1 - 8 所示。

图 2 - 1 - 8 修剪后的手柄

自 测 题

1. 用 ARC 命令中的 11 种方式画圆弧。

2. 用 ELLIPSE ⬭ 命令中的 3 种方式画椭圆。重点掌握【轴端点方式】【椭圆心方式】2 种画椭圆的方式。

3. 绘制图 2 - 1 - 9 ~ 图 2 - 1 - 12 所示图形，不标注尺寸。

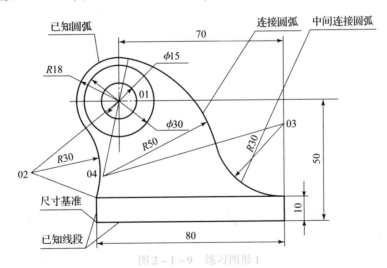

图 2 - 1 - 9 练习图形 1

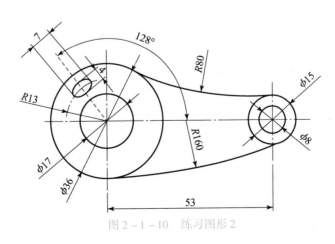

图 2 - 1 - 10 练习图形 2

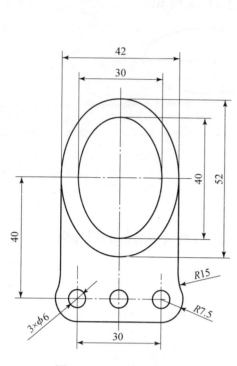

图 2－1－11　练习图形 3

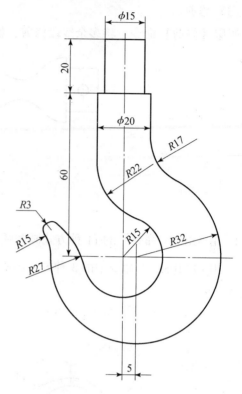

图 2－1－12　练习图形 4

小　结

　　本任务主要介绍了【圆】【圆弧】【椭圆】【椭圆弧】4 个命令，以及缩放、平移图形的方法和实例。用户结合【删除】和【修剪】命令可以绘制各种复杂的平面图形，建议多练、多画，通过反复的实际操作，提高运用这些命令的技巧。

任务二　绘制棘轮

▲ 知识目标

　　1. 掌握设置点样式的方法。

　　2. 掌握单点、多点的区别。

　　3. 掌握任意等分对象的操作方法。

　　4. 掌握【阵列】命令的使用方法。

　　5. 掌握图形的缩放、拉伸操作方法。

能力目标

具备快速绘制具有相同机件的能力；具备设置点样式、任意等分对象的能力；具备使用多种方法绘制同一副图的能力。

一、工作任务

绘制如图 2 - 2 - 1 所示的棘轮，利用【阵列】【修剪】等命令绘制出图形。另外，也可以用其他方法绘制棘轮。

二、相关知识

（一）点的样式

1. 功能
设置点的各种样式。

2. 调用命令的方法
菜单栏：单击【格式】→【点样式】。

3. 操作步骤
单击【格式】→【点样式】，弹出如图 2 - 2 - 2 所示的对话框。

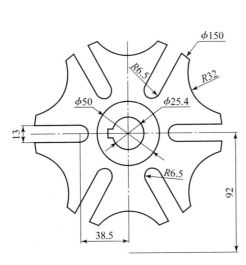

图 2 - 2 - 1 绘制棘轮样例

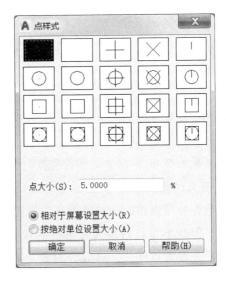

图 2 - 2 - 2 【点样式】对话框

4. 对话框中有关说明及提示
点大小：可以在后边的文本框中输入数值，数值越大点越大，反之越小。

（二）点命令

1. 功能

创建点。

2. 调用命令的方法

（1）绘图工具栏：单击【点】 ∴ 按钮。

（2）命令行：输入 Point，按 < Enter > 键。

（3）菜单栏：单击【绘图】→【点】→【单点】（或【多点】）。

3. 操作步骤

命令:_point

当前点模式:PDMODE = 0　PDSIZE = 0.000 0

命令:_rectang

指定点:　　　　　　　　　　　　　　　　*用鼠标指定点所在的位置*

4. 有关说明及提示

AutoCAD 2020 中，【单点】命令可以在绘图窗口中一次指定一个点；【多点】命令可以在绘图窗口一次指定多个点，直到按 < ESC > 键结束。

点的样式在 2 - 2 - 2 所示的对话框中设置即可。

（三）定数等分对象

1. 功能

将选中的对象用节点按一定的数量等分或者在等分点处插入图块。

2. 调用命令的方法

菜单栏：单击【绘图】→【点】→【定数等分】。

3. 操作步骤

命令:_divide

选择要定数等分的对象:　　　　　　　　*鼠标选择需要等分的线段*

输入线段数目或[块(B)]:　　　　　　　*输入要等分线段的段数*

需要输入 2 ~ 32 767 之间的整数，或选项关键字。

4. 有关说明及提示

定数等分可以将所选对象等分为指定数目的相等长度，但并不是将对象实际等分为单独的对象。建议用户先设置点样式，再等分对象。图 2 - 2 - 3 所示的是对线段进行三等分。

图 2 - 2 - 3　三等分线段

（四）定距等分对象

1. 功能

将选中的对象用节点按一定的距离等分或者在等分点处插入图块。

2. 调用命令的方法

菜单栏：单击【绘图】→【点】→【定距等分】。

3. 操作步骤

命令: _measure

选择要定距等分的对象： 　　　　　　　 ＊鼠标选择需要等分的线段＊

指定线段长度或［块(B)]:10 　　　　　＊输入等分线段的线段长度为10＊

4. 有关说明及提示

定距等分实际上是提供了一个测量图形的长度，并按照指定距离标上标记，直到余下的部分不够一个指定距离为止。图 2 - 2 - 4 所示即为等分距离为 10 mm 的等分线，最后余下不足指定距离的部分。

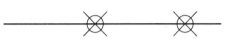

图 2 - 2 - 4　以10 为等分距离等分线

（五）阵列

1. 功能

在绘制图形的过程中，有时需要绘制完全相同、成矩形或环形排列的一系列图形实体。此时，可以只绘制一个，然后使用【阵列】命令进行矩形或环形复制。对于环形阵列，对象可以旋转，也可以不旋转。而对于矩形阵列，可以倾斜一定的角度。

2. 调用命令的方法

(1) 修改工具栏：单击【阵列】 按钮，默认为【矩形阵列】。

(2) 命令行：输入 Array，按 < Enter > 键。

(3) 菜单栏：单击【修改】→【阵列】→【矩形阵列】【环形阵列】或【路径阵列】。

3. 操作步骤

调用以上任何命令，都会弹出【阵列】对话框。【阵列】分为【矩形阵列】【环形阵列】和【路径阵列】，其中【矩形阵列】命令效果如图 2 - 2 - 5 所示。

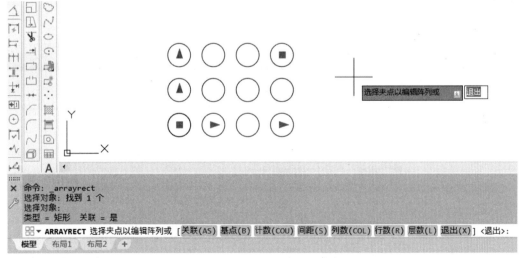

图 2 - 2 - 5　【矩形阵列】命令

1）矩形阵列

输入命令 Array，按 < Enter > 键，选择对象，按 < Enter > 键，选择【矩形阵列】。此时，可以选择"关联（AS）/基点（B）/计数（COU）/间距（S）/列数（COL）/行数（R）/层数（L）/退出（X）"，如图 2 - 2 - 5 所示。如果需要设置角度，可双击阵列后的图形，出现自定义菜单，选择【自定义】，勾选【轴夹角】，单击【确定】按钮后，再次双击阵列后的图形，则显示【轴夹角】选项，如图 2 - 2 - 6 ~ 图 2 - 2 - 8 所示。

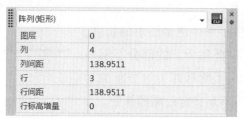

图 2 - 2 - 6 【矩形阵列】自定义对话框

图 2 - 2 - 7 【矩形阵列】自定义用户界面

阵列(矩形)	
图层	0
列	4
列间距	138.9511
行	3
行间距	138.9511
行标高增量	0
轴夹角	90

图 2 - 2 - 8 勾选【轴夹角】后的【矩形阵列】自定义对话框

2）环形阵列

输入命令 Arraypolar，按＜Enter＞键，选择对象，按＜Enter＞键，此时可以指定阵列的中心点或"基点（B）/旋转轴（A）"，然后选择夹点以编辑阵列或"关联（AS）/基点（B）/项目（I）/项目间角度（A）/填充角度（F）/行（ROW）/层（L）/旋转项目（ROT）/退出（X）"，如图 2－2－9～图 2－2－11 所示。

▲**注意**：填充角度时，顺时针为负、逆时针为正。

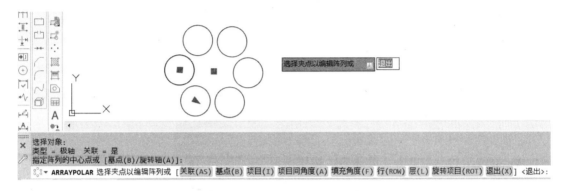

图 2－2－9 【环形阵列】命令

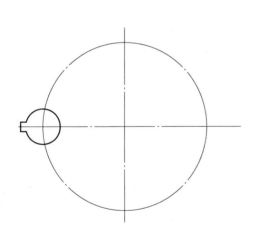

图 2－2－10 执行【环形阵列】命令前

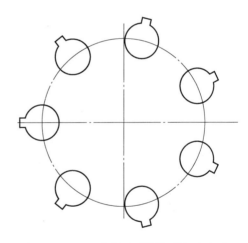

图 2－2－11 执行【环形阵列】命令后

3）路径阵列

输入命令 Arraypath，选择对象，按＜Enter＞键，选择路径曲线，按＜Enter＞键，此时可以选择夹点以编辑阵列或"关联（AS）/方法（M）/基点（B）/切向（T）/项目（I）/行（R）/层（L）/对齐项目（A）/z 方向（Z）/退出（X）"，如图 2－2－12 所示。

（六）缩放

1. 功能

将选定对象按指定中心点进行比例缩放。有两种缩放方式：

（1）选择缩放对象的基点，然后输入缩放比例因子；

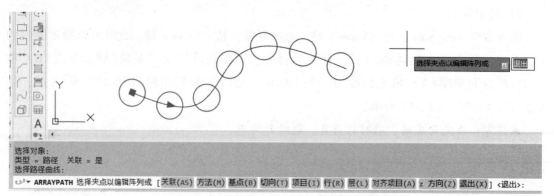

选择对象：
类型 = 路径　关联 = 是
选择路径曲线：

ARRAYPATH 选择夹点以编辑阵列或 [关联(AS) 方法(M) 基点(B) 切向(T) 项目(I) 行(R) 层(L) 对齐项目(A) z 方向(Z) 退出(X)] <退出>：

图 2 - 2 - 12　【路径环形阵列】命令

（2）输入一个数值或拾取两点来指定一个参考长度，然后再输入新的数值或拾取另外一点，则 AutoCAD 2020 计算两个数值的比率并以此作为缩放比例因子。

2. 调用命令的方法

（1）修改工具栏：单击【缩放】□按钮。

（2）命令行：输入 Scale，按 <Enter> 键。

（3）菜单栏：单击【修改】→【缩放】。

3. 操作步骤

命令：_SCALE

选择要缩放的实体：　　　　　　　　　　　　　　＊选择要缩放的实体＊

选择要缩放的实体：　　　　　　　　　　＊按 <Enter> 键或右击结束选择＊

基准点：　　　　　　　　　　　　　　　　　　　　＊指定基点＊

参照(R) / <比例因子(S) >：　　　　　　　　　　＊选择缩放的方式＊

下面举例说明缩放图 2 - 2 - 13 所示图形的操作，缩放后的效果如图 2 - 2 - 14 所示。

图 2 - 2 - 13　执行【缩放】命令前　　　　　图 2 - 2 - 14　执行【缩放】命令后

命令：_SCALE

选择要缩放的实体：　　　　　　　　　　　　　　＊选择要缩放的实体＊

对角：集合中的实体数：7　　　　　　　　　　＊系统提示选择对象的个数＊

选择要缩放的实体：　　　　　　　　　　＊按 <Enter> 键或右击结束选择＊

基准点：　　　　　　　　　　　　　　　　　　　　＊指定基点＊

参照(R) / <比例因子(S)>:s   *选择用比例因子的缩放方式*

参照(R) / <比例因子(S)>:0.5   *采用缩小比例,比例因子为0.5*

4. 命令行中有关说明及提示

(1) 参照(R):对象将按照参照的方式缩放。需要依次输入参照的长度的值和新的长度值。

(2) 比例因子(S):直接输入比例因子(比例因子大于0而小于1时缩小对象,比例因子大于1时放大对象)。

(七)拉伸

1. 功能

在绘制图形的过程中,有时需要对某个图形实体在某个方向上的尺寸进行修改,但不能影响相邻部分的形状和尺寸,如阶梯轴中间段需要加长。此时,可以使用【拉伸】命令。

【拉伸】命令的功能:将图形中位于移动窗口(选择对象最后一次使用的交叉窗)内的实体或端点移动,与其相连接的实体如直线、圆弧和多义线等将受到拉伸或压缩,以保持与图形中未移动部分相连接。

2. 调用命令的方法

(1) 修改工具栏:单击【拉伸】 按钮。

(2) 命令行:输入 Stretch,按 <Enter> 键。

(3) 菜单栏:单击【修改】→【拉伸】。

3. 操作步骤

命令:_Stretch:

以叉交窗口或交叉多边形选择要拉伸的对象……

选择对象:指定角点:找到5个   *用交叉选择要拉伸的对象,系统提示有5个对象*

选择对象: *按 <Enter> 键或右击结束选择*

指定基点或位移(D):   *指定要拉伸的基点*

指定第二点或 <使用第一个点作为位移>:   *输入第二个点*

三、任务实施

方案一:利用"阵列"命令绘制

第1步:设置图形界限。

第2步:创建图层。

第3步:设置对象捕捉。

第4步:画图。

(1) 将中心线设置为当前层,绘制中心线。

(2) 将粗实线设置为当前层,绘制3个定位圆,如图2-2-15所示。

(3) 绘制棘轮。设置【对象捕捉】【象限点】【交点】功能,绘制 $R=6.5$ 的圆,命令如下:

命令:_circle 指定圆的圆心或[三点(3P)/两点(2P)/相切、相切、半径(T)]: tt

指定临时对象追踪点:　　　　　　　　　　　　　　　　*选取中心线交点*

指定圆的圆心或[三点(3P)/两点(2P)/相切、相切、半径(T)]: 38.5

　　　　　　　　　　　　　　　　　　　　　　向左偏移找圆心

指定圆的半径或[直径(D)]<75.000 0>: 6.5　　　　　*输入半径值*

命令:_line

指定第一点:　　　　　　　　　　*指定 $R=6.5$ 的圆的象限点*

指定下一点或[放弃(U)]:　　　　　*选取与 $R=75$ 的圆的交点*

重复绘制 2 条水平线,得到 1 条棘轮槽,如图 2-2-15 所示。

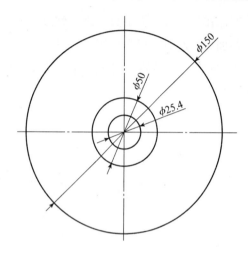

图 2-2-15　绘制 3 个定位圆

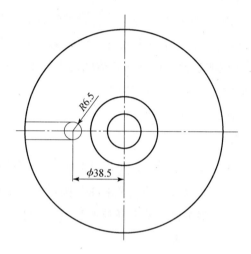

图 2-2-16　绘制的棘轮槽

(4)绘制棘轮圆弧,如图 2-2-17 所示。

设置【对象捕捉】【象限点】【交点】功能,绘制 $R=32$ 的圆,命令如下。

命令:_circle 指定圆的圆心或[三点(3P)/两点(2P)/相切、相切、半径(T)]:T

指定临时对象追踪点:　*选取中心线交点*

指定圆的圆心或[三点(3P)/两点(2P)/相切、相切、半径(T)]: 92 *向正下方偏移找圆心*

指定圆的半径或[直径(D)]<6.500 0>:32

　　　　　　　　　　输入半径

(5)修剪棘轮槽和棘轮圆弧,如图 2-2-18 所示。

(6)阵列棘轮槽和棘轮圆弧,如图 2-2-19 所示。

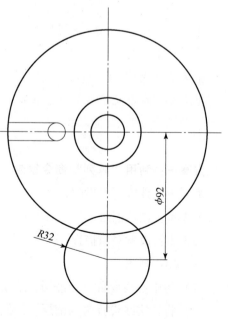

图 2-2-17　绘制的棘轮圆弧

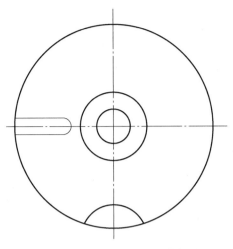

图2-2-18　修剪棘轮槽和棘轮圆弧

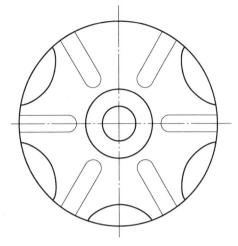

图2-2-19　阵列后的棘轮槽和棘轮圆弧

（7）修剪棘轮槽和棘轮圆弧，如图2-2-20所示。

（8）绘制键槽，如图2-2-21所示。

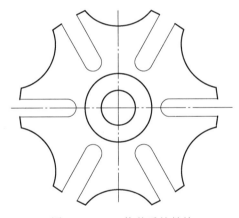

图2-2-20　修剪后的棘轮

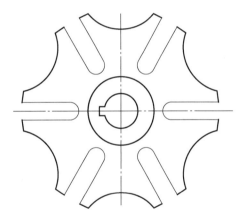

图2-2-21　绘制键槽

（9）绘制多线段。

激活【多段线】命令，将棘轮槽和圆弧的轮廓连接成一条线。

单击【修改】→【对象】→【多段线】，如图2-2-22所示。命令行中显示如下所述。

命令:_pedit

选择多段线或[多条(M)]:　　　　　　　　　　　　　　　　　　*选取圆弧*

选择的对象不是多段线

是否将直线和圆弧转换为多段线？[是(Y)／否(N)]？<Y>

输入选项[闭合(C)／打开(O)／合并(J)／宽度(W)／拟合(F)／样条曲线(S)／非曲线化(D)／线型生成(L)／放弃(U)]:J　　　　　　　　　　　*选取"合并"选项*

选择对象:ALL　　　　　　　　　　　　　　　　　　　　*选取全部对象*

找到24个

选择对象:　　　　　　　　　　　　　　　　　　　　　*按<Enter>键*

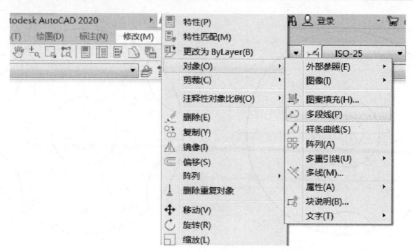

图2-2-22 下拉菜单多段线选项

▲**注意**：图2-2-21所示的图中，键槽细实线的修改方法：选中这些线，单击【图层】工具栏中下拉框，选择【粗实线】层，如图2-2-23所示，实现细实线到粗实线的转变。

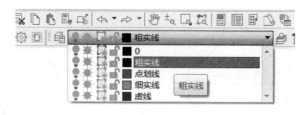

图2-2-23 【图层】工具栏

方案二：利用点等分，请用户自行绘制。

自 测 题

一、思考题
单点和多点有何区别？

二、选择题
1. 矩形阵列中除了需要选择阵列的对象，还需要设置的参数有（　　）。

A. 项目总数　　　　　B. 填充角度　　　　　C. 行偏移　　　　　D. 中心点

2. AutoCAD 2020 中对象的复制方法包括（　　）。

A. 阵列对象　　　　　B. 偏移对象　　　　　C. 复制对象　　　　　D. 拉伸对象

3. 下列对象中可分解的对象有（　　）。

A. 直线　　　　　　　B. 圆　　　　　　　　C. 多段线　　　　　D. 圆环

三、上机题
1. 绘制图2-2-24～图2-2-26所示的图形。提示：图2-2-24中的圆弧可以先绘制出圆，再【阵列】，最后剪切出图形；图2-2-26中5个相同的结构，绘制一个后，采用【旋转】中的【复制】选项即可，【阵列】时要输入角度数值。

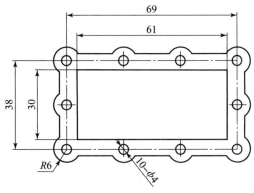

图2-2-24 练习图形1

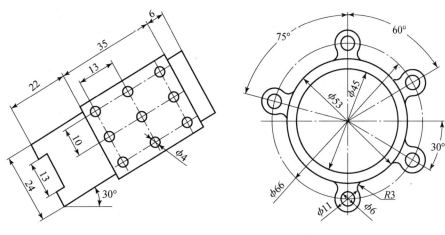

图2-2-25 练习图形2　　　　　图2-2-26 练习图形3

2. 利用点的知识，绘制如图2-2-27所示的曲柄扳手。提示：绘制步骤如图2-2-28~图2-2-35所示，不必填充图案。

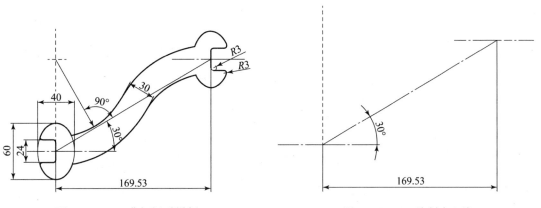

图2-2-27 曲柄扳手样例　　　　　图2-2-28 绘制中心线

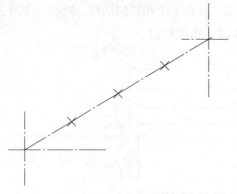

图 2 – 2 – 29　等分线段

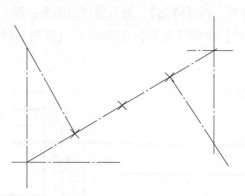

图 2 – 2 – 30　绘制垂线

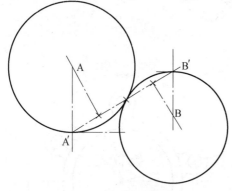

图 2 – 2 – 31　绘制完成的切圆

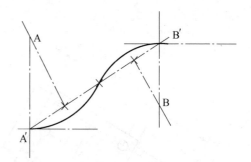

图 2 – 2 – 32　绘制 S 形曲线

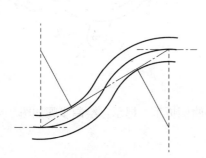

图 2 – 2 – 33　偏移

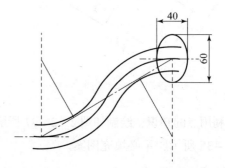

图 2 – 2 – 34　绘制椭圆

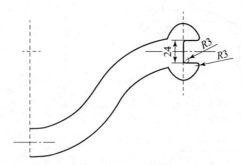

图 2 – 2 – 35　修剪

3. 绘制 2 – 2 – 36 所示的图形。

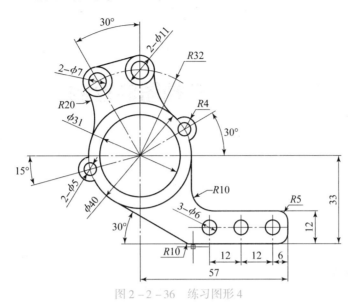

图 2 – 2 – 36 练习图形 4

小 结

用户通过完成本任务不但要掌握有关点的相关知识，而且要能够运用不同的方法绘制图样。机械图样的绘制，没有唯一的标准答案，只有最佳方案。所谓"最佳"是指能够准确、快速地绘制图样的方法。希望用户多动脑，用多种方案绘制图样，以开阔思维、提高绘图技能。

项目三　三视图的绘制

任务　绘制组合体三视图

知识目标

1. 掌握【构造线】【射线】命令的使用方法。
2. 掌握【复制】命令的使用方法。
3. 掌握【移动】【旋转】【对齐】命令的使用方法。
4. 掌握夹点的编辑方法。

能力目标

具备绘制三视图的能力。

一、工作任务

绘制组合体三视图时，一般先根据"主俯视图长对正"的投影特性，绘制并编辑主、俯视图，再将俯视图复制到合适的位置，并逆时针旋转90°，再以"主左视图高平齐""俯左视图宽相等"的投影特性，绘制左视图。本节结合图3-1-1介绍组合体三视图的绘制方法和步骤。

二、相关知识

（一）构造线命令

1. 功能

绘制通过给定点的双向无限长直线。一般用于辅助线、建筑绘图时的墙线。

2. 调用命令的方法

（1）绘图工具栏：单击【构造线】 按钮。

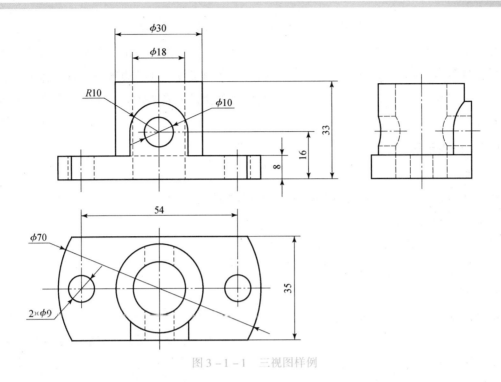

图 3 - 1 - 1 三视图样例

(2) 命令行：输入 Xline，按 <Enter> 键。

(3) 菜单栏：单击【绘图】→【构造线】。

3. 操作步骤

命令：_xline

指定点或 [水平(H)／垂直(V)／角度(A)／二等分(B)／偏移(O)]：

用鼠标指定点所在的位置

指定通过点： *用鼠标指定所通过点的位置*

4. 有关说明及提示

(1) 水平（H）：绘制通过指定点的水平构造线。

(2) 垂直（V）：绘制垂直构造线，方法与绘制水平构造线相同。

(3) 角度（A）：绘制与指定直线成指定角度的构造线。

(4) 二等分（B）：绘制平分一角的构造线。

(5) 偏移（O）：绘制与指定直线平行的构造线。

5. 举例

(1) 画水平或垂直构造线，调用【构造线】命令：

指定点或 [水平(H)／垂直(V)／角度(A)／二等分(B)／偏移(O)]：

输入 H 或 V，选择水平或垂直绘制构造线

指定通过点： *利用合适的定点方式指定构造线经过的点*

指定通过点： *利用合适的定点方式指定另一条构造线要经过的点，或按 <Enter> 键*

(2) 画二等分角的构造线，调用【构造线】命令：

指定点或[水平(H)／垂直(V)／角度(A)／二等分(B)／偏移(O)]：　　＊输入 B,回车＊

指定角的顶点：　　　　　　　　＊利用合适的定点方式指定需要平分的角的顶点＊

指定角的起点：　　　　　　＊利用对象捕捉方式在角的第一条边上指定一点＊

指定角的端点：　　　　　　＊利用对象捕捉方式在角的第二条边上指定一点＊

指定角的端点：　　　　　　　　　　　　　　　　　　＊按＜Enter＞键＊

(二) 射线命令

1. 功能

利用【射线】命令可以绘制以指定点为起点的单向无限长的直线。

2. 调用命令的方法。

(1) 命令行：输入 Ray，按＜Enter＞键。

(2) 菜单栏：单击【绘图】→【射线】。

3. 操作步骤

命令：_RAY

指定起点：　　　　　　　　　　　　　＊利用合适的定点方式指定射线的起点＊

指定通过点：　　　　　　　＊利用合适的定点方式指定射线要经过的另一个点＊

指定通过点：　＊利用合适的定点方式指定另一条射线要经过的点,或按＜Enter＞键＊

(三) 复制

1. 功能

在绘图过程中，经常会遇到两个或多个完全相同的图形实体。此时，可以先绘制一个，然后利用【复制】命令进行复制，提高绘图效率。

【复制】命令的功能：将选定的对象在新的位置上进行一次或多次复制。

2. 调用命令的方法

(1) 修改工具栏：单击【复制】 按钮。

(2) 命令行：输入 Copy，按＜Enter＞键,

(3) 菜单栏：单击【修改】→【复制】。

3. 操作步骤

命令：_copy

选择要拷贝的实体：　　　　　　　　　　　　　　　＊单击要复制的对象＊

集合中的实体数：　　　　　　　　　　　　　　　＊提示选择对象的个数＊

选择要拷贝的实体：　　　　　　　　　　　＊按＜Enter＞键或右击结束选择＊

矢量(V)／＜基点＞：　　　　　　　　　　　　　　　　＊选择基点＊

移动点：　　　　　　　　　　　　　　　　　　　　＊选择移动点＊

移动点：　　　　　　　　　　　　　　　　　　　　＊选择移动点＊

移动点：　　　　　　　　　　　　　　　　　　　　＊选择移动点＊

移动点：　　　　　　　　　　　　＊选择移动点,直至按＜Enter＞键表示确定＊

下面举例说明复制如图 3-1-2 所示的正五边形的操作，效果如图 3-1-3 所示。

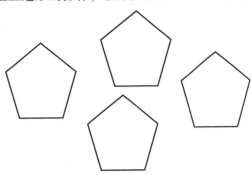

图 3-1-2 执行【复制】命令前　　　　　　图 3-1-3 执行【复制】命令后

命令：_COPY

选择要拷贝的实体：　　　　　　　　　　　　　　*单击要复制的对象*

集合中的实体数：1　　　　　　　　　　　　　*提示选择对象的个数为 1*

选择要拷贝的实体：　　　　　　　　*按＜Enter＞键或右击结束选择*

矢量(V)/＜基点＞：　　　　　　　　　　　　　　　*选择基点*

移动点：　　　　　　　　　　　　　　　　　　　*选择移动点*

移动点：　　　　　　　　　　　　　　　　　　　*选择移动点*

移动点：　　　　　　　　　　　　　　　　　　　*选择移动点*

移动点：　　　　　　*按＜Enter＞键表示结束，一共复制 3 个正五边形*

（四）旋转命令

1. 功能

将选定的对象绕着指定的基点旋转指定的角度。

2. 调用命令的方法

（1）修改工具栏：单击【旋转】 ↻ 按钮。

（2）命令行：输入 Rotate，按＜Enter＞键。

（3）菜单栏：单击【修改】→【旋转】。

3. 操作步骤

命令：_rotate

UCS 当前的正角方向：ANGDIR = 逆时针　ANGBASE = 0

选择对象：　　　　　　　　　　　　　　　　*选择要旋转的对象*

选择对象：　　　　　　　　　　　　*按＜Enter＞键，结束选择*

指定基点：　　　　　　　　　　　　　　　*指定旋转的基点*

指定旋转角度，或[复制(C)/参照(R)] ＜30＞：　*输入旋转的角度，按＜Enter＞键*

▲注意：顺时针旋转为负，逆时针旋转为正。

下面举例说明旋转的效果：图 3-1-4 中以 A 点作为基点，顺时针旋转 30°，效果如图 3-1-5 所示；图 3-1-6 中以 O 点作为基点，逆时针旋转 30°，效果如图 3-1-7 所示。

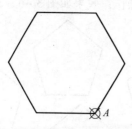

图 3 - 1 - 4　旋转之前的示例

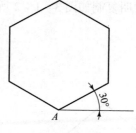

图 3 - 1 - 5　旋转 - 30°之后的效果

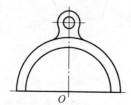

图 3 - 1 - 6　旋转之前的示例

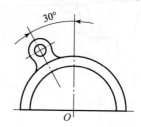

图 3 - 1 - 7　旋转 30°之后的效果

（五）移动命令

1. 功能

将选定的对象从一个位置移到另一个位置。

2. 调用命令的方法

（1）修改工具栏：单击【移动】✛按钮。

（2）命令行：输入 Move，按 < Enter > 键。

（3）菜单栏：单击【修改】→【移动】。

3. 操作步骤

命令：_move

选择对象： 　　　　　　　　　　　　　　　　*选择要移动的对象选择对象*

选择对象： 　　　　　　　　　　　　　　　　　　*按 < Enter >键结束选择*

指定基点或 [位移(D)] <位移>： 　　　　　　　　　　　*指定移动的基点*

指定第二个点或 <使用第一个点作为位移 >： 　　　　　*指定移动的所在新位置*

　　下面举例说明移动的效果：在图 3 - 1 - 8 中以 A 点作为基点，B 点作为位移点，移动效果如图 3 - 1 - 9 所示。

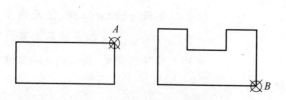

图 3 - 1 - 8　移动之前的示例

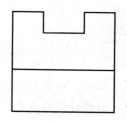

图 3 - 1 - 9　移动之后的效果

（六）对齐

1. 功能

利用【对齐】命令可以将选定的对象移动、旋转或倾斜，使其与另一个对象对齐。

2. 调用命令的方法

（1）命令行：输入 Align（或 AL），按 < Enter > 键。

（2）菜单栏：单击【三维操作】→【修改】→【对齐】。

3. 操作步骤（举例介绍不同对齐方式的操作步骤）

1）用一对点对齐两对象的操作步骤

（1）调用【对齐】命令。

（2）命令提示为"选择对象:"时，选择要对齐的对象。

（3）命令提示为"指定第一个源点:"时，利用合适的定点方式指定第一个源点。

（4）命令提示为"指定第一个目标点:"时，指定第一个目标点。

（5）命令提示为"指定第二个源点:"时，按 < Enter > 键。效果如图 3 1 – 10 所示。

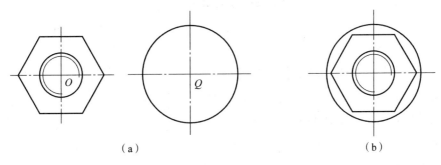

（a）　　　　　　　　　　　　　　　　　　　　（b）

图 3 – 1 – 10　一对点对齐两对象

（a）对齐前；（b）对齐后

2）用两对点对齐两对象的操作步骤

将如图 3 – 1 – 11（a）所示的盘类零件图形与右侧的支座对齐，操作步骤如下。

调用【对齐】命令。

选择对象：　　　　　　　　　　　　　　　　　　　*选择要对齐的对象*

指定第一个源点：　　　　　　　　　　　　　　*利用合适的定点方式指定第一个源点*

指定第一个目标点：　　　　　　　　　　　　　　　*指定第一个目标点*

指定第二个源点：　　　　　　　　　　　　　*在选定的对象上指定第二个源点*

指定第二个目标点：　　　　　　　　　　　　　　　*指定第二个目标点*

指定第三个源点 < 继续 > ：　　　　　　　　　　　　　*按 < Enter > 键*

是否基于对齐点缩放对象？［是（Y）/否（N）］< 否 > ：　*按 < Enter > 键或输入 Y，以第一目标点和第二目标点之间的距离作为缩放对象的参考长度使选定的对象进行缩放*

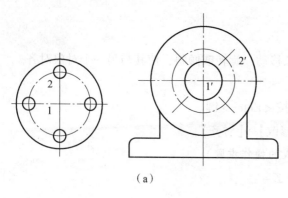 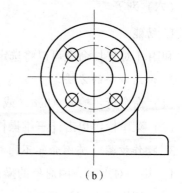

（a） （b）

图 3 - 1 - 11 两对点对齐两对象

（a）对齐前；（b）对齐后

（七）编辑对象的特性

1. 功能

编辑修改对象的图层、颜色、线型及尺寸特性等特性，功能十分强大。

2. 调用命令的方法

（1）常用工具栏：单击【特性】▦按钮。

（2）命令行：输入 Properties，按 < Enter > 键。

（3）菜单栏：单击【修改】→【特性】。

3. 操作步骤

运用以上任何方法调用该命令，系统会打开【特性】对话框，如图 3 - 1 - 12 所示。在该对话框中，选中要修改的对象特性，在其后面的文本框中直接输入改变后的值即可。对于颜色、线型、图层等特性，选择后会出现相应的下拉列表框，从中可以设置对象的特性。

（八）使用夹点编辑图形

在 AutoCAD 2020 中，夹点是控制对象的位置和大小的关键点，它提供了一种方便快捷的编辑操作途径。在选取图形对象后，就可以使用夹点对齐。

1. 控制夹点显示

在【工具】→【选项】→【选择集】中，如图 3 - 1 - 13 所示，可以设置是否启用夹点及夹点的大小、颜色等。

系统默认的设置是【启用夹点】，在这种情况下用户无须启动命令。

图 3 - 1 - 12 【特性】对话框

图 3 – 1 – 13 【选择集】选项卡

在命令行中没有输入任何命令时，单击图形对象，该图形对象会出现一些实心的彩色小方框，这就是夹点，默认颜色为蓝色，如图 3 – 1 – 14 所示。如再单击其中一个夹点，则这个夹点被激活，默认显示红色。被激活的夹点，通过按 < Enter > 键或 < Space > 键响应，能完成拉伸、移动、复制、旋转、缩放或镜像 5 种操作。

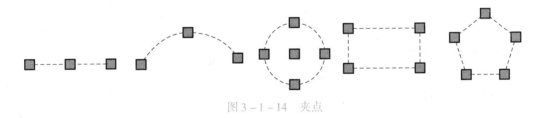

图 3 – 1 – 14 夹点

2. 使用夹点编辑

1）使用夹点拉伸对象

（1）用合适的方法选择对象，出现蓝色夹点。

（2）选择基准夹点拉伸。

（3）命令提示为"指定拉伸点或［基点（B）/复制（C）/放弃（U）/退出（X）］:"时，移动鼠标，则选定对象随着基准夹点的移动被拉伸，至合适位置单击。还可以输入新点的坐标确定拉伸位置。

（4）按 < Esc > 键，取消夹点。效果如图 3 – 1 – 15 所示。

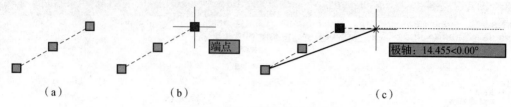

图 3 - 1 - 15 使用夹点拉伸对象

(a) 选择对象;(b) 激活直线端点;(c) 移动鼠标拉伸直线

2)使用夹点镜像复制对象

(1)用合适的方法选择对象,出现蓝色夹点。

(2)选择基准夹点拉伸。

(3)命令提示为"指定拉伸点或〔基点(B)/复制(C)/放弃(U)/退出(X)〕:"时,右击,在弹出的快捷菜单中选择【镜像】选项。

(4)命令提示为"指定第二点或〔基点(B)/复制(C)/放弃(U)/退出(X)〕:"时,指定镜像线上的第二点。

(5)按<Ecs>键,取消夹点。效果如图 3 - 1 - 16 所示。

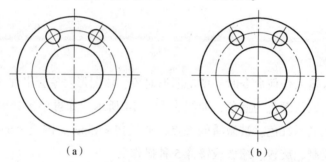

图 3 - 1 - 16 使用夹点镜像复制对象功能编辑图形

(a) 原图;(b) 镜像复制后

3)使用夹点移动对象

该方式可以将选定的对象进行移动。

4)使用夹点旋转对象

该方式可以将选定的对象绕基点进行旋转。

5)使用夹点比例缩放对象

该方式可以将选定的对象进行比例缩放。

三、任务实施

第 1 步:设置绘图环境。

(1)单击【新建】按钮,在【创建新图形】对话框中,选择【默认设置】为【公制】。

(2)利用【图层】命令,创建【粗实线】层,设置颜色为绿色,线型为 Continuous,线宽为 0.3 mm;【细点画线】层,设置颜色为红色,线型为 Center;【虚线】层,设置颜色为黄色，线型为 Hidden；【尺寸】层，设置颜色为黄色，线型为 Continuous。将【粗实线】层设置为当前层。

（3）利用【草图设置】命令，设置对象捕捉模式为：端点、中点、圆心、象限点、交点，并设置极轴角增量为 15°，确定追踪方向。

（4）在状态栏上依次单击【极轴】【对象捕捉】和【对象追踪】【线宽】按钮。

（5）用【图形界限】命令设置图限，左下角为（0，0），右上角为（210，297）。

（6）执行 ZOOM（图形缩放）命令的 All 选项，显示图形界限。

第 2 步：进行形体分析，将组合体分解成底板、铅垂圆柱、U 形凸台，注意各部分相对位置。

第 3 步：绘制底板俯视图。

（1）绘制底板 φ70 的圆，操作过程略。

（2）利用自动追踪功能绘制上下两条水平轮廓线及中心线。

（3）以两条水平轮廓线为边界，修剪 φ70 圆多余的圆弧，如图 3－1－17（a）所示。

（4）捕捉上述中心线交点，水平向左追踪 27，得到圆心，绘制 φ9 小圆。

（5）用【对象捕捉追踪】功能绘制 φ9 小圆的垂直中心线，如图 3－1－11（b）所示。

（6）以垂直中心线为镜像线，镜像复制 φ9 小圆及垂直中心线，如图 3－1－17（c）所示。

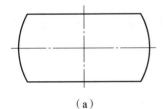 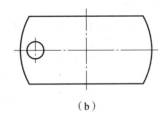 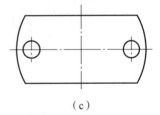

（a）　　　　　　　　　（b）　　　　　　　　　（c）

图 3－1－17　绘制底板俯视图

（a）绘制外形轮廓及中心线；（b）绘制小圆及中心线；（c）镜像复制小圆及中心线

第 4 步：绘制底板主视图。

（1）绘制底板外形轮廓线。

操作如下：

命令:_line   *启动【直线】命令*

指定第一点:*移动光标至点 A,出现端点标记及提示,向上移动光标至合适位置单击,如图 3－1－18(a)所示*

指定下一点或[放弃(U)]:70   *向右移动鼠标,水平追踪,输入 70,按 <Enter>键*

指定下一点或[放弃(U)]: 8   *向上移动鼠标,垂直追踪,输入 8,按 <Enter>键*

指定下一点或[放弃(U)]:70   *向左移动鼠标,水平追踪,输入 70,按 <Enter>键*

指定下一点或[放弃(U)]: c   *封闭图形*

（2）利用【对象捕捉追踪】功能绘制主视图上两条垂直截交线，如图 3－1－18（b）所示。

（3）绘制底板主视图上左侧φ9小圆的中心线和转向轮廓线，再分别将其改到相应的点画线和虚线图层上；绘制对称中心线；并镜像复制，完成底板主视图，如图3-1-18（c）所示。

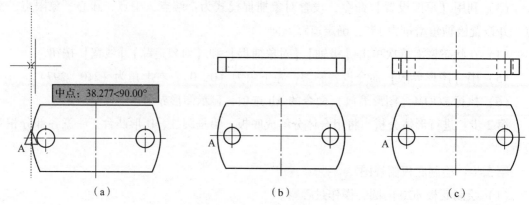

（a）　　　　　　　　　　（b）　　　　　　　　　　（c）

图3-1-18　绘制底板主视图

（a）对象捕捉追踪定点；（b）绘制截交线；（c）完成底板主视图

第5步：在俯视图上捕捉中心线交点，作为圆心，绘制铅垂圆柱及孔的俯视图φ30、φ18的圆，如图3-1-19（a）所示。

第6步：绘制主视图上铅垂圆柱及孔的轮廓线。

（1）绘制铅垂圆柱主视图的轮廓线。

（2）用同样的方法绘制φ18孔的主视图的轮廓线，并改为虚线层，如图3-1-19（b）所示。

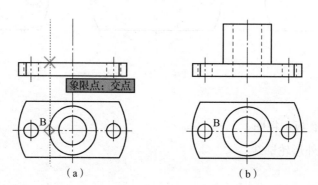

（a）　　　　　　　　　　　　　　　　（b）

图3-1-19　绘制铅垂圆柱及孔的主视图

（a）对象捕捉追踪定点；（b）绘制圆柱及孔

第7步：绘制U形凸台及孔的主视图。

（1）捕捉追踪主视图底边中点，如图3-1-20（a）所示，垂直向上追踪16，得到圆心，绘制φ20的圆，再绘制φ10的同心圆。

（2）绘制φ20圆的两条垂直切线，如图3-1-20（b）所示。

（3）以上述两条切线为剪切边界，修剪φ20圆的下半部分。

（4）绘制φ20圆水平中心线，并将其改到点画线层上，如图3-1-20（c）所示。

（5）用【打断于点】命令将底板主视图上边在C点处打断。用同样方法将底板上边在

D 点处打断，将 CD 线改到虚线层上，完成主视图，如图 3-1-20（d）所示。

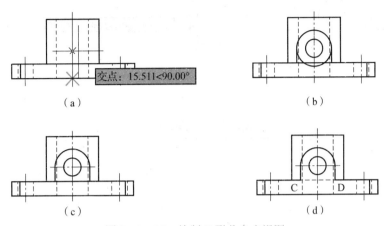

图 3-1-20　绘制 U 形凸台主视图

（a）确定凸台圆心；（b）绘制凸台轮廓线；（c）修剪多余线；（d）完成主视图

第 8 步：绘制 U 形凸台及孔的俯视图。

利用对象捕捉追踪功能绘制凸台俯视图轮廓线及孔的转向轮廓线，并将 φ10 孔的转向轮廓线改到虚线层上，操作过程略。

第 9 步：绘制左视图。

（1）复制和旋转俯视图至合适的位置，作为辅助图形，如图 3-1-21（a）所示。

（2）利用对象捕捉追踪功能确定左视图位置，如图 3-1-21（b）所示，绘制底板和圆柱左视图。

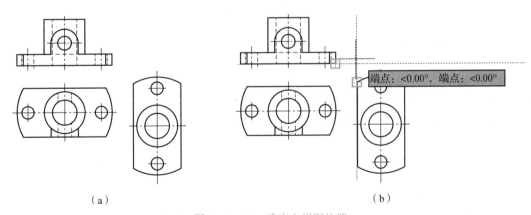

图 3-1-21　确定左视图位置

（a）复制和旋转俯视图；（b）确定底板左视图位置

（3）绘制 U 形凸台左视图。

利用夹点拉伸功能将 E 点垂直向上拉伸至与主视图 U 形凸台的上象限点高平齐位置，如图 3-1-22（a）所示，再将圆柱转向线缩短，如图 3-1-22（b）所示。利用【对象捕捉追踪】功能绘制孔轴线、凸台半圆柱及孔的转向轮廓线，并修剪多余图线，如图 3-1-23（a）所示。

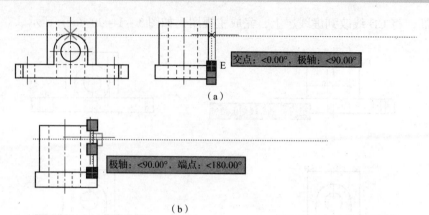

图 3 - 1 - 22　利用夹点编辑功能拉伸直线

（a）复制和旋转左视图；（b）确定底板左视图位置

（4）绘制截交线与相贯线。

用【圆弧】命令的"起点、端点、半径"选项绘制相贯线 12 及其内孔相贯线 34、56，并将相贯线 34、56 改为虚线层，如图 3 - 1 - 23（b）所示。利用对象捕捉追踪功能绘制截交线 78，用【圆弧】命令的"起点、端点、半径"选项绘制相贯线 U 型凸台与 φ30 圆柱的外形相贯线 89，完成图形，如图 3 - 1 - 23（c）所示。

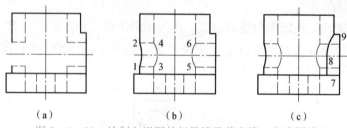

图 3 - 1 - 23　绘制左视图的相贯线及截交线，完成图形

（a）左视图；（b）绘制相贯线；（c）绘制截交线及相贯线

第 10 步：删除复制旋转后的辅助图形。

第 11 步：保存图形，命名为"组合体三视图"。

自　测　题

1. 将图 3 - 1 - 24 所示的角度二等分（提示：用【构造线】命令）。

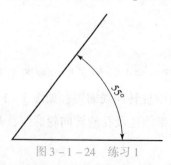

图 3 - 1 - 24　练习 1

2. 绘制如图 3 – 1 – 25 和图 3 – 1 – 26 所示的组合体三视图。

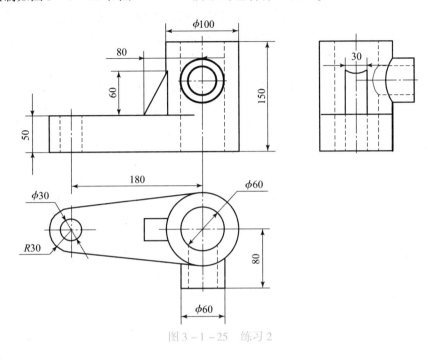

图 3 – 1 – 25 练习 2

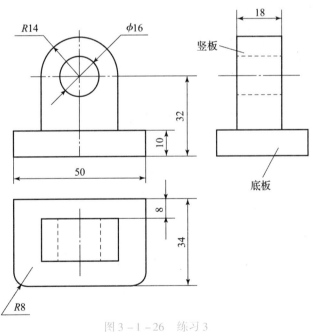

图 3 – 1 – 26 练习 3

小　结

根据三视图的投影规律，绘制三视图常用的方法主要有以下两种。

辅助线法——利用构造线作为辅助线，确保视图之间的"三等"关系，并结合图形进行必要的编辑，完成图形。

　　对象捕捉追踪法——利用对象捕捉追踪功能，结合极轴、正交等绘图辅助工具，保证视图之间的"三等"关系，并进行必要的编辑，完成图形。这种方法与辅助线法比较，图面简洁，操作方便、快捷。

　　在实际绘图中，用户可以灵活运用这两种方法，保证图形的准确性。同时，还要根据物体的结构特点，对视图中的对称图形、重复要素等，灵活运用【镜像】【复制】【阵列】等命令，提高绘图的效率。

项目四 剖视图的绘制

任务 绘制剖视图

知识目标

1. 掌握【样条曲线】命令及其编辑方法。
2. 掌握【多段线】命令及其编辑方法。
3. 掌握【修订云线】命令方法。
4. 掌握【打断】和【打断于点】命令的使用方法。

能力目标

具备利用 CAD 中的相关命令绘制剖视图中的剖切位置、剖切方向、局部剖切处的线条、剖面线的能力。

一、工作任务

绘制如图 4 - 1 - 1 所示的剖视图，利用绘图辅助功能（如对象捕捉、对象追踪等）、【样条曲线】【多段线】及其编辑命令，按照三视图的投影规律绘制，并填充图案，最后要利用【删除】【修剪】命令整理图形，无须标注尺寸（注意：沉孔的高度为 4，薄板的高度为 9）。

二、相关知识

（一）样条曲线及其编辑

1. 功能

样条曲线是通过一系列给定的点生成的光滑曲

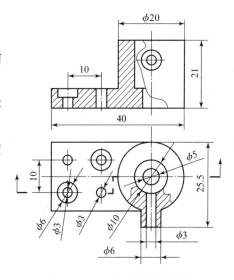

图 4 - 1 - 1 绘制剖视图样例

线，如图4-1-2所示。样条曲线在工程绘图中应用非常广泛，在机械图样的绘制过程中，局部剖视图中的波浪线及形体断开处的断开线一般是利用"样条曲线"命令画出来的。

和拟合曲线相比，样条曲线具有更高的精度，占用的内存和磁盘空间也更多。

图4-1-2 样条曲线示例

2. 调用命令的方法

（1）绘图工具栏：单击【样条曲线】 按钮。

（2）命令行：输入 Spline，按＜Enter＞键。

（3）菜单栏：单击【绘图】→【样条曲线】。

3. 操作步骤

命令：_spline

指定第一个点或［对象(O)］: ＊指定样条曲线的第一点＊

指定下一点: ＊指定样条曲线的第二点＊

指定下一点或［闭合(C)/拟合公差(F)］＜起点切向＞: ＊指定样条曲线的第三点＊

指定下一点或［闭合(C)/拟合公差(F)］＜起点切向＞: ＊按＜Enter＞键，结束点的选择＊

指定起点切向: ＊指定样条曲线起点切向＊

指定端点切向: ＊指定样条曲线终点切向＊

4. 命令行中有关说明及提示

（1）起点切向：通过按＜Enter＞键，AutoCAD 2020提示用户确定始末点的切向，然后结束该命令。

（2）闭合（C）：使样条曲线起始点、结束点重合，共享相同的顶点和切向。

（3）拟合公差（F）：控制样条曲线对数据点的接近程度，拟合公差大小对当前图形单元有效。公差越小，样条曲线就越接近数据点，如为0，则表明样条曲线精确通过数据点。

（4）放弃（U）：该选项不在提示区中出现，但用户可在选取任何点后输入【U】后按＜Enter＞键，以取消前一段。

5. 样条曲线的编辑

单击菜单【修改】→【对象】→【样条曲线】，即可进行有关编辑。

（二）多段线及其编辑

1. 功能

多段线是AutoCAD中最常用且功能较强的实体之一，它是由一系列首尾相连的直线和圆弧组成的一个独立的对象，可以具有宽度，并可绘制封闭区域，如图4-1-3所示。因此，多段线可以替代一些AutoCAD实体，如直线、圆弧、实心体等。它与直线实体相比有两方面的优点：灵活，可直可曲；宽度可以自定义，可宽可窄，可以宽度一致，也可以粗细变化。

图4-1-3 多段线示例

整条多段线是一个单一实体，便于编辑。由于【多段线】命令可以画两种基本线段：直线和圆弧，所以，【多段线】命令的一些提示类似于直线和弧线命令的提示。

2. 调用命令的方法

（1）绘图工具栏：单击【多段线】 按钮。

（2）命令行：输入 Pline 或 PL，按 <Enter> 键。

（3）菜单栏：单击【绘图】→【多段线】。

3. 操作步骤

命令：_pline

指定起点：   ＊指定起点＊

当前线宽为 0.000 0   ＊系统默认线宽＊

指定下一个点或[圆弧（A）/半宽（H）/长度（L）/放弃（U）/宽度（W）]：A   ＊选择圆弧命令＊

指定圆弧的端点或[角度（A）/圆心（CE）/方向（D）/半宽（H）/直线（L）/半径（R）/第二个点（S）/放弃（U）/宽度（W）]：   ＊圆弧的端点，默认绘制直线＊

4. 命令行中有关说明及提示

（1）指定下一点：缺省为直线，输入 A 后按 <Enter> 键，转为圆弧，新画弧过前一段线的终点，并与前一段线（圆弧或直线）在连接点处相切。

（2）角度（A）：提示用户给定包络角。

（3）圆心（CE）：提示圆弧中心。

（4）方向（D）：提示用户重定切线方向。

（5）半宽（H）和宽度（W）：设置多段线的半宽和全宽。

（6）直线（L）：切换回直线模式。

（7）半径（R）：提示输入圆弧半径。

（8）第二个点（S）：选择三点圆弧中的第二点。

（9）放弃（U）：取消上一次选项的操作。

（10）第二点（S）：选择三点圆弧中的第二点。

5. 多段线的编辑

需要编辑多线段时，用户可以单击菜单【修改】→【对象】→【多段线】，即可进行相关编辑。【多段线】命令有以下主要功能：

（1）移动、增加或删除多段线的顶点；

（2）可以为整个多线段设定统一的宽度值或分别控制各段的宽度；

（3）用样条曲线或双圆弧曲线拟合多段线；

（4）将开式多段线闭合或使闭合多段线变为开式。

6. 举例说明多段线的编辑方法

（1）编辑图 4-1-4 所示的多段线，让其闭合，效果如图 4-1-5 所示，具体步骤如下：

命令:_pedit   *输入多段线的编辑命令*

选择多段线或[多条(M)]:   *单击选中需要编辑的多段线*

输入选项[闭合(C)/合并(J)/宽度(W)/编辑顶点(E)/拟合(F)/样条曲线(S)/非曲线化(D)/线型生成(L)/放弃(U)]:C   *输入C,按<Enter>键,表示让多段线闭合,按<Enter>键结束命令*

   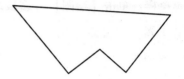

图4-1-4 为编辑前的多段线   图4-1-5 编辑后闭合的多段线

(2) 编辑图4-1-5所示的多段线,让其线宽为10,效果如图4-1-6所示,具体步骤如下:

命令:_pedit   *输入多段线的编辑命令*

选择多段线或[多条(M)]:   *单击选中需要编辑的多段线*

输入选项[打开(O)/合并(J)/宽度(W)/编辑顶点(E)/拟合(F)/样条曲线(S)/非曲线化(D)/线型生成(L)/放弃(U)]:W   *输入W,按<Enter>键,表示为多段线设置线宽*

指定所有线段的新宽度:10   *输入10,按<Enter>键,表示设置多段线的宽度为10*

输入选项[打开(O)/合并(J)/宽度(W)/编辑顶点(E)/拟合(F)/样条曲线(S)/非曲线化(D)/线型生成(L)/放弃(U)]:   *按<Enter>键结束命令*

(3) 编辑图4-1-6所示的多段线,让其转化为样条曲线,效果如图4-1-7所示,具体步骤如下:

图4-1-6 线宽为10的多段线   图4-1-7 编辑后闭合的多段线

命令:_pedit   *输入多段线的编辑命令*

选择多段线或[多条(M)]:   *单击选中需要编辑的多段线*

输入选项[打开(O)/合并(J)/宽度(W)/编辑顶点(E)/拟合(F)/样条曲线(S)/非曲线化(D)/线型生成(L)/放弃(U)]:S   *输入S,按<Enter>键,表示把多段线设置为样条曲线*

输入选项[打开(O)/合并(J)/宽度(W)/编辑顶点(E)/拟合(F)/样条曲线(S)/非曲线化(D)/线型生成(L)/放弃(U)]:   *按<Enter>键结束命令*

(4) 编辑图4-1-7所示的多段线,让其打开,效果如图4-1-8所示,具体步骤如下:

命令:_pedit   *输入多段线的编辑命令*

选择多段线或[多条(M)]:   *单击选中需要编辑的多段线*

输入选项[打开(O)/合并(J)/宽度(W)/编辑顶点(E)/拟合(F)/样条曲线(S)/非曲线化(D)/线型生成(L)/放弃(U)]:O　　*输入 O,按<Enter>键,表示把多段线打开*

输入选项[闭合(C)/合并(J)/宽度(W)/编辑顶点(E)/拟合(F)/样条曲线(S)/非曲线化(D)/线型生成(L)/放弃(U)]:　　　　　　　　　　*按<Enter>键结束命令*

(三) 修订云线

1. 功能

利用修订云线,用户可以方便地徒手绘制图形、轮廓线、地图的边界以及签名,如图 4-1-9 所示。

图 4-1-8　打开的多段线

图 4-1-9　修订云线示例

2. 调用命令的方法

(1) 绘图工具栏:单击【修订云线】 按钮。

(2) 命令行:输入 Revcloud,按<Enter>键。

(3) 菜单栏:单击【绘图】→【修订云线】。

3. 操作步骤

命令:_revcloud

最小弧长:15　最大弧长:15　样式:普通　　　　　　　　　*默认弧长与样式*

指定起点或[弧长(A)/对象(O)/样式(S)]<对象>:　　　　　　*指定起点*

沿云线路径引导十字光标...　　　　*指定云线路径,直至右击结束路径的选择*

反转方向[是(Y)/否(N)]<否>:　　　　　　　　*系统默认反转方向为否*

修订云线完成　　　　　　　　　　*云线闭合即完成绘制*

(四) 打断命令

1. 功能

在绘图过程中,有时需要将某实体(直线、圆弧、圆等)部分删除或断开为两个实体。此时,可以使用【打断】命令,即将选中的对象(直线、圆弧、圆等)在指定的两点间的部分删除,或将一个对象切断成两个具有同一端点的实体。下面举例说明【打断】命令的操作步骤。

2. 调用命令的方法

(1) 绘图工具栏:单击【打断】 按钮。

(2) 命令行:输入 Break,按<Enter>键。

（3）菜单栏：单击【修改】→【打断】。

3. 操作步骤

命令：_break 选择对象：　　　　　＊指定要打断的对象，同时也指定了第一个打断点＊

指定第二个打断点或［第一点（F）］：　　　　　　＊指定第二个打断点＊

（五）打断于点

请读者自己分析，以便检验自学能力。

（六）图案填充与编辑

1. 功能

图案填充可用于对封闭图形填充图案，来区分图形的不同部分，指出剖面图中的不同材质。

2. 调用命令的方法

（1）绘图工具栏：单击【图案填充】 按钮。

（2）命令行：输入 Bhatch，按＜Enter＞键。

（3）菜单栏：单击【绘图】→【图案填充】。

3. 操作步骤

任意一种方式启动命令后，系统弹出如图 4 - 1 - 10 所示的【图案填充和渐变色】对话框，根据需要将其设置好。

图 4 - 1 - 10　【图案填充和渐变色】对话框

命令:_bhatch

拾取内部点或[选择对象(S)/删除边界(B)]:正在选择所有对象…　*用鼠标指定内部填充区域*

正在选择所有可见对象…

正在分析所选数据…

正在分析内部孤岛…

拾取内部点或[选择对象(S)/删除边界(B)]:　　*按<Enter>键,表示结束,这时图4-1-10所示的对话框又重新出现,单击【确定】即可*

4.【边界图案填充】对话框的主要选项含义

1)类型

设置图案类型。在其下拉列表选项中,【预定义】表示用 AutoCAD 2020 的标准填充图案文件中的图案进行填充;【用户定义】表示用用户自己定义的图案进行填充;【自定义】表示用 ACAD.PAT 图案文件或其他图案中的图案文件进行填充。

2)图案

确定填充图案的样式。单击下拉箭头,出现填充图案样式名的下拉列表选项供用户选择,如图4-1-11所示。

图4-1-11　【图案填充】下拉列表

单击下拉列框右边的 按钮，将出现如图 4-1-12 所示的【填充图案选项板】对话框，显示系统提供的填充图案。用户在其中选中图案名或者图案图标后，单击【确定】按钮，该图案即设置为系统的默认值。机械制图中常用的剖面线图案为 ANSI31。

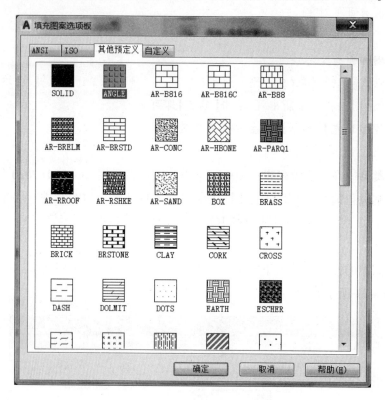

图 4-1-12 【填充图案选项板】对话框

3）样例

显示所选填充对象的图形。

4）角度

设置图案的旋转角，系统默认值为 0。机械制图规定剖面线倾角为 45°或 135°，特殊情况下可使用 30°和 60°。若选用图案 ANSI31，剖面线倾角为 45°时，设置该值为 0°；倾角为 135°时，设置该值为 90°。

5）比例

设置图案中线的间距，以保证剖面线有适当的疏密程度。系统默认值为 1。

6）拾取点

提示用户选取填充边界内的任意一点。注意：该边界必须封闭。

7）选择对象

提示用户选取一系列构成边界的对象以使系统获得填充边界。

8）预览

预览图案填充效果。

9）确定

结束填充命令，并按用户所指定的方式进行图案填充。

三、任务实施

第 1 步：设置图形界限。

第 2 步：创建图层。

第 3 步：设置对象捕捉。

第 4 步：布图。

打开中心线层，运用【直线】命令绘制图中的主要中心线。这一步应注意中心线的位置安排要考虑给尺寸标注留出空间。

第 5 步：画机件的主、俯视图。

画出主、俯视图，其中的波浪线用样条曲线绘制，如图 4 – 1 – 13 所示。

第 6 步：画剖面线。方法和步骤如下。

（1）启动【图案填充】命令。

（2）在如图 4 – 1 – 10 所示的【图案填充和渐变色】对话框的【图案填充】选项卡中，选取【类型】为【预定义】，选取【图案】为 ANSI31，设置【角度】为 0°，【比例】为 2。

（3）单击【拾取点】按钮，在要画剖面线的区域内取点。此时，选中的区域内亮显。

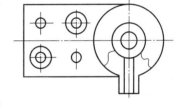

图 4 – 1 – 13 主、俯视图

（4）按 < Enter > 键，返回【图案填充和渐变色】对话框。

（5）单击【预览】按钮，预览剖面线在图中的显示情况。

（6）单击【确定】按钮，将剖面线绘制到图中，如图 4 – 1 – 14 所示。

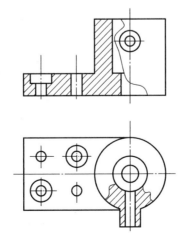

图 4 – 1 – 14 填充剖面线后的主、俯视图

第7步：剖切符号

俯视图中的剖切符号用【多段线】命令绘制，如图4－1－15所示。方法和步骤如下：

命令：_pline

指定起点：　　　　　　　　　　　　　　　　　　　　　　　　＊指定第一点＊

当前线宽为0.000 0　　　　　　　　　　　　　　　　　　＊默认线宽为0＊

指定下一个点或[圆弧(A)/半宽(H)/长度(L)/放弃(U)/宽度(W)]:W　　＊输入W，按＜Enter＞键，设箭头宽度＊

指定起点宽度＜5.109 6＞:0　　　　＊输入0，按＜Enter＞键，设箭头起点线宽为0＊

指定端点宽度＜0.000 0＞:1　　　　＊输入1，按＜Enter＞键，设箭头终点线宽为1＊

指定下一个点或[圆弧(A)/半宽(H)/长度(L)/放弃(U)/宽度(W)]；　　＊绘制箭头＊

指定下一点或[圆弧(A)/闭合(C)/半宽(H)/长度(L)/放弃(U)/宽度(W)]:W　　＊输入W，按＜Enter＞键，设线宽＊

指定起点宽度＜1.000 0＞:0.3　　　＊输入0.3，按＜Enter＞键，设线的起点线宽为0.3＊

指定端点宽度＜0.300 0＞:0.3　　　＊输入0.3，按＜Enter＞键，设线的终点线宽为0.3＊

指定下一点或[圆弧(A)/闭合(C)/半宽(H)/长度(L)/放弃(U)/宽度(W)]：＊绘制直线＊

指定下一点或[圆弧(A)/闭合(C)/半宽(H)/长度(L)/放弃(U)/宽度(W)]:W　　＊输入W，按＜Enter＞键，设线宽＊

指定起点宽度＜0.300 0＞:1　　　　＊输入1，按＜Enter＞键，设箭头起点线宽为1＊

指定端点宽度＜1.000 0＞:0　　　　＊输入0，按＜Enter＞键，设箭头终点线宽为0＊

指定下一点或[圆弧(A)/闭合(C)/半宽(H)/长度(L)/放弃(U)/宽度(W)]：　　＊指定箭头终点＊

指定下一点或[圆弧(A)/闭合(C)/半宽(H)/长度(L)/放弃(U)/宽度(W)]：　　　＊按＜Enter＞键，结束命令＊

第8步：修改剖切符号。

利用【打断】命令，修改剖切符号，如图4－1－16所示。

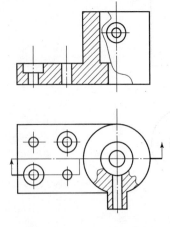 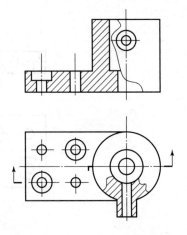

图4－1－15　画剖切符号　　　　　　图4－1－16　打断修改后的剖切符号

自 测 题

一、思考题

1. 利用【多段线】命令绘制出来的直线段与利用【直线】命令画出的直线段有什么区别？

2. 如何编辑样条曲线？

二、选择题

1. 利用多段线依次画出一段圆弧和一段直线段，它们是（　　）对象。

A. 一个　　　　　　　　B. 两个　　　　　　　　C. 三个　　　　　　　　D. 四个

2. 图案填充时利用那个选项改变剖面线的倾斜角度（　　）。

A. 比例　　　　　　　　　　　　　　　B. 角度

C. 拾取点　　　　　　　　　　　　　　D. 以上都对

三、上机题

1. 用【多段线】命令绘制如图 4-1-17 所示的二极管的符号。

2. 将图 4-1-18 所示的三角形编辑成线宽为 10 的多段线，再将编辑后的图形转换成一条封闭的样条曲线。

图 4-1-17　练习图形 1

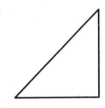

图 4-1-18　练习图形 2

3. 画出如图 4-1-19 所示的剖视图，尺寸自定。

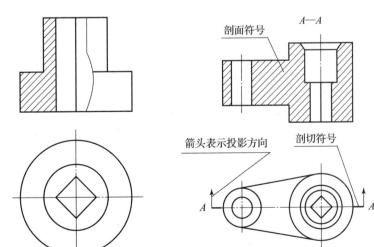

图 4-1-19　练习图形 3

4. 填充如图4-1-20所示的图形（图形尺寸自定）（提示：通过设置不同的比例、角度，改变剖面线的不同方向、角度）。

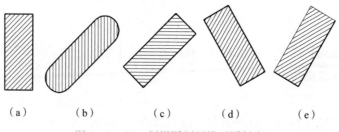

（a）　　　（b）　　　（c）　　　（d）　　　（e）

图4-1-20　剖视图剖面线不同斜度

5. 绘制图4-1-21中的主、俯视图（注意：中间方孔的边长为5）。

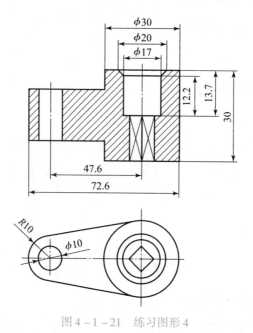

图4-1-21　练习图形4

小　结

本任务主要介绍了多段线和样条曲线的使用及其编辑，以及图案填充的方法。工程图样中常用到剖视图来表达机件内部结构，这就必须用到样条曲线和图案填充，所以用户一定要将这些命令灵活掌握，以便提高绘图速度。

项目五 标准件的绘制

任务 绘制滚动轴承 6206 及 M12 的螺栓

◤ 知识目标

1. 掌握【正多边形】命令的使用方法。
2. 掌握【镜像】命令的使用方法。
3. 掌握【倒角】【倒圆】命令的使用方法。
4. 掌握【延伸】命令的使用方法。

◤ 能力目标

具备根据类型查表、利用 AutoCAD 2020 中的相关命令选择合适的表达方式按规定画法绘制出标准件及常用件图样的能力。

一、工作任务

绘制标准件，其尺寸依据 GB/T 4459.1—1995 和 GB/T 4459.7—2017 查得，灵活运用【正多边形】【倒角】【倒圆】【延伸】【镜像】命令，选择合适的表达方式按规定画法画出标准件及常用件的图样。

二、相关知识

（一）正多边形命令

1. 功能

正多边形是指由 3 条或 3 条以上各边长相等的线段构成的封闭实体。正多边形是绘图中经常用到的一种简单图形。AutoCAD 2020 中，用户可以利用此命令方便地绘出所需的正多边形，其边数范围为 3～1 024。

2. 调用命令的方法

(1) 绘图工具栏：单击【正多边形】 按钮。

(2) 命令行：输入 Polygon，按＜Enter＞键。

(3) 菜单栏：单击【绘图】→【正多边形】。

3. 操作步骤

命令:_polygon 输入边的数目＜4＞：　　　*输入正多边形边的数目,按＜Enter＞键*

指定正多边形的中心点或[边(E)]：　　　　　*单击正多边形的中心*

输入选项[内接于圆(I)/外切于圆(C)]＜I＞：　*选择用内接于圆或外切于圆绘制正多边形,默认用内接于圆的方法*

指定圆的半径：　　　　　　　　　　　　　*输入圆的半径*

4. 命令行中有关说明及提示

(1) 定边法（E）：系统要求指定正多边形的边数及一条边的两个端点。

(2) 外接圆法（I）：AutoCAD 系统要求指定该正多边形外接圆的圆心和半径，通过该外接圆绘制所需的正多边形。

(3) 内切圆法（C）：AutoCAD 系统要求指定正多边形内切圆的圆心和半径，通过该内切圆绘制所需要的正多边形。

图 5-1-1 为圆的内接、外切正六边形示例。

（二）镜像命令

1. 功能

在绘图的过程中，有时需要绘制完全对称的图形，则可以使用【镜像】命令。

【镜像】命令是以选定的镜像线为对称轴，生成与编辑对象完全对称的镜像，原来的编辑对象可以删除或保留。

镜像的效果如图 5-1-2 所示，镜像线是中间竖直的细实线。

2. 调用命令的方法

(1) 修改工具栏：单击【镜像】 按钮。

(2) 命令行：输入 Mirror，按＜Enter＞键。

(3) 菜单栏：单击【修改】→【镜像】。

3. 操作步骤

命令:_mirror

选择对象:找到 1 个　　　　　　　　　　　*选择要镜像的对象*

选择对象:找到 1 个,总计 2 个　　　　　　*选择要镜像的对象*

选择对象:找到 1 个,总计 3 个　　　　　　*继续选择要镜像的对象*

选择对象:　　　　　　　　　　　　　*按＜Enter＞键,结束对象的选择*

指定镜像线的第一点:　　　　　　　　　*选择镜像线的第一点*

指定镜像线的第二点:　　　　　　　　　*选择镜像线的第二点*

图 5-1-1　圆的内接、外切正六边形

图 5-1-2　镜像示例

要删除源对象吗？[是(Y)/否(N)]<N>:　　＊选择是否删除源对象,系统默认不删除源对象,按<Enter>键确认。如果要删除源对象,输入Y,按<Enter>键即可＊

(三) 圆角命令

1. 功能

【圆角】命令是用指定的半径,对选定的两个对象(直线、圆弧或圆)或者对整条多段线进行光滑的圆弧连接。

2. 调用命令的方法

(1) 修改工具栏:单击【圆角】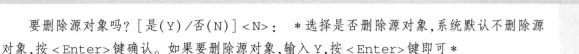按钮。

(2) 命令行:输入Fillet,按<Enter>键。

(3) 菜单栏:单击【修改】→【圆角】。

3. 操作步骤

命令:_fillet

当前设置:模式=修剪,半径=0.000 0

选择第一个对象或[放弃(U)/多段线(P)/半径(R)/修剪(T)/多个(M)]:R　　＊输入R,按<Enter>键＊

指定圆角半径<0.000 0>:10　　　　　　　＊输入圆角半径10,按<Enter>键＊

选择第一个对象或[放弃(U)/多段线(P)/半径(R)/修剪(T)/多个(M)]:　　＊选择要倒圆角的第一条边＊

选择第二个对象,或按住Shift键选择要应用角点的对象:　　　＊选择要倒圆角的第二条边＊

4. 命令行中有关说明及提示

(1) 多段线 (P):用于对多段线的所有顶点进行修圆角。

(2) 半径 (R):用于确定过渡圆弧的半径。

(3) 修剪 (T):用于设定是否裁剪过渡圆角。

(4) 多个 (M):重复多个角的圆弧过渡。

(四) 倒角命令

1. 功能

【倒角】命令用于对选定的两条相交(或其延长线相交)直线进行倒角,也可以对整条多义线进行倒角。

2. 调用命令的方法

(1) 修改工具栏:单击【倒角】按钮。

(2) 命令行:输入Chamfer,按<Enter>键。

(3) 菜单栏:单击【修改】→【倒角】。

3. 操作步骤

命令:_chamfer

（"修剪"模式)当前倒角距离 1 = 0.000 0,距离 2 = 0.000 0   ＊系统提示当前倒角的距离＊

选择第一条直线或[放弃(U)/多段线(P)/距离(D)/角度(A)/修剪(T)/方式(E)/多个(M)]:d   ＊输入 D,按＜Enter＞键＊

指定第一个倒角距离＜2.000 0＞:2   ＊输入第一个倒角距离2,按＜Enter＞键＊

指定第二个倒角距离＜2.000 0＞:10   ＊输入第二个倒角距离10,按＜Enter＞键＊

选择第一条直线或[放弃(U)/多段线(P)/距离(D)/角度(A)/修剪(T)/方式(E)/多个(M)]:   ＊选择要倒角的第一条边＊

选择第二条直线,或按住 Shift 键选择要应用角点的直线:＊选择要倒角的第二条边＊

4. 命令行中有关说明及提示

(1) 多段线（P)：给多段线指定统一的倒角过渡，即多线段的倒角距离一致。

(2) 角度（A)：用于确定过渡圆弧的包络角。

(3) 修剪（T)：用于确定倒角时是否裁剪原来的对象，默认设置为裁剪。

(4) 多个（M)：重复多个角的倒角过渡。

（五）延伸命令

1. 功能

【延伸】命令用于将选中的对象（直线，圆弧等）延伸到指定的边界。

2. 调用命令的方法

(1) 修改工具栏：单击【延伸】 按钮。

(2) 命令行：输入 Extend, 按＜Enter＞键。

(3) 菜单栏：单击【修改】→【延伸】。

3. 操作步骤

命令:_extend

当前设置:投影 = UCS,边 = 延伸

选择边界的边 ...

选择对象或＜全部选择＞:   ＊选择需要延伸的圆＊

选择对象: ＊按＜Enter＞键,结束对象的选择＊

选择要延伸的对象,或按住 Shift 键选择要修剪的对象,或[栏选(F)/窗交(C)/投影(P)/边(E)/放弃(U)]:   ＊选择靠近圆一侧的直线＊

选择要延伸的对象,或按住 Shift 键选择要修剪的对象,或[栏选(F)/窗交(C)/投影(P)/边(E)/放弃(U)]:   ＊选择靠近圆一侧的圆弧＊

选择要延伸的对象,或按住 Shift 键选择要修剪的对象,或[栏选(F)/窗交(C)/投影(P)/边(E)/放弃(U)]:   ＊按＜Enter＞键＊

延伸的效果如图 5 - 1 - 3、图 5 - 1 - 4 所示。

图 5 - 1 - 3 延伸前的示例

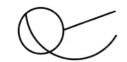

图 5 - 1 - 4 延伸后的效果

三、任务实施

1. 绘制滚动轴承 6206

6206 滚动轴承的通用画法如图 5 - 1 - 5 所示,具体步骤如下。

第 1 步:设置图形界限。

第 2 步:创建图层。

第 3 步:设置对象捕捉。

第 4 步:对称图形先绘制一半,如图 5 - 1 - 6 所示。

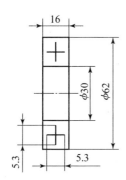

图 5 - 1 - 5 6206 滚动轴承的通用画法

图 5 - 1 - 6 绘制上一半

第 5 步:利用镜像绘制下一半,具体步骤如下。

(1)命令:_mirror

(2)命令行中出现"选择对象:"时,指定对角点,将对象全选中,系统会提示:"找到 6 个对象"。

(3)命令行中出现"选择对象:"时,按 < Enter > 键,表示结束选择。

(4)命令行中出现"指定镜像线的第一点:"时,指定镜像线的第一点。

(5)命令行中出现"指定镜像线的第二点:"时,指定镜像线的第二点。

(6)命令行中出现"要删除源对象吗? [是(Y)/否(N)] < N >:"时,按 < Enter > 键,结果如图 5 - 1 - 7 所示。

2. 绘制 M12 的螺栓

M12 螺栓的规定画法如图 5 - 1 - 8 所示,具体步骤如下。

第 1 步:设置图形界限。

图 5 - 1 - 7 镜像后的图形

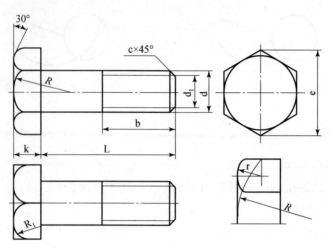

图 5 - 1 - 8　M12 的螺栓的规定画法

第 2 步：创建图层。

第 3 步：设置对象捕捉。

第 4 步：绘制俯视图。首先，绘制一个半径为 12 的圆，然后画六边形，具体步骤如下。

（1）命令行中出现"命令：_polygon 输入边的数目 < 6 >:"时，输入 6，按 < Enter > 键。

（2）命令行中出现"指定正多边形的中心点或［边（E）］:"时，移动光标并单击以指定中心。

（3）命令行中出现"输入选项［内接于圆（I）/外切于圆（C）］< C >:"时，输入 C，按 < Enter > 键。

（4）命令行中出现"指定圆的半径:"时，输入 12，按 < Enter > 键，结果如图 5 - 1 - 9 所示。

图 5 - 1 - 9　绘制
正六边形

第 5 步：利用【旋转】命令调整。

（1）命令：_rotate

（2）命令行中出现"UCS 当前的正角方向：ANGDIR = 顺时针　ANGBASE = 0

选择对象：找到 1 个"时，选择要旋转的对象。

（3）命令行中出现"选择对象:"时，按 < Enter > 键结束。

（4）命令行中出现"指定基点:"时，指定中心为基点。

（5）命令行中出现"指定旋转角度，或［复制（C）/参照（R）］< 0 >:"时，输入 - 30，按 < Enter > 键，结果如图 5 - 1 - 10 所示。

第 6 步：绘制主视图，最后倒角，具体步骤如下。

（1）命令：_chamfer

（2）命令行中出现"（"修剪"模式）当前倒角距离 1 = 2.000 0，距离 2 = 2.000 0

选择第一条直线或［放弃（U）/多段线（P）/距离（D）/角度

图 5 - 1 - 10　旋转
正六边形

（A）/修剪（T）/方式（E）/多个（M）］:"时，输入 D，按＜Enter＞键。

（3）命令行中出现"指定第一个倒角距离＜2.000 0＞:"时，输入 1.2，按＜Enter＞键。

（4）命令行中出现"指定第二个倒角距离＜1.200 0＞:"时，输入 1.2，按＜Enter＞键。

（5）命令行中出现"选择第一条直线或［放弃（U）/多段线（P）/距离（D）/角度（A）/修剪（T）/方式（E）/多个（M）］:"时，单击角的第一条边。

（6）命令行中出现"选择第二条直线，或按住 Shift 键选择要应用角点的直线:"时，单击角的第二条边。

（7）右击，重复【倒角】命令。

命令行中出现"选择第一条直线或［放弃（U）/多段线（P）/距离（D）/角度（A）/修剪（T）/方式（E）/多个（M）］:"时，单击另一个角的第一条边。

命令行中出现"选择第二条直线，或按住 Shift 键选择要应用角点的直线:"时，单击另一个角的第二条边，结果如图 5-1-8 所示。

自 测 题

一、思考题

1. 什么叫镜像线？

2. 如何将两个图形快速叠加在一起（提示:【移动】命令）？

二、选择题

1. 利用【正多边形】命令，最多画出几边形（   ）。

A. 65 536   B. 1 024   C. 256   D. 562

2. 镜像后的对象，（   ）不变。

A. 大小   B. 尺寸   C. 对象特性   D. 以上都对

三、上机题

1. 绘制如图 5-1-11 所示的螺纹内外连接的画法。请读者自定尺寸。

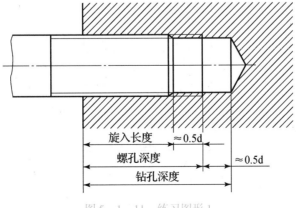

旋入长度　≈0.5d
螺孔深度　≈0.5d
钻孔深度

图 5-1-11　练习图形 1

2. 已知钢板厚 $t_1 = 46$，$t_2 = 46$，依据国家标准查表绘制图 5 – 1 – 12 所示 M30 的螺栓连接。

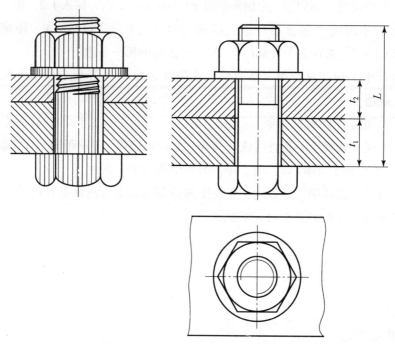

图 5 – 1 – 12　练习图形 2

3. 绘制图 5 – 1 – 13、图 5 – 1 – 14 所示图形（提示：绘制图 5 – 1 – 13 采用【镜像】命令，绘制图 5 – 1 – 14 采用【旋转】命令中的【复制】选项）。

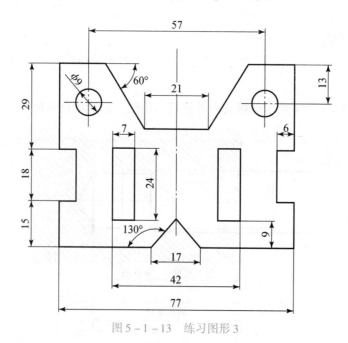

图 5 – 1 – 13　练习图形 3

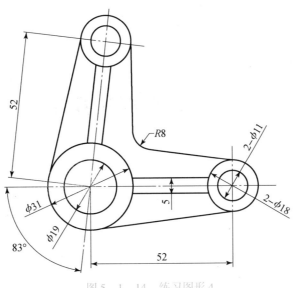

图 5 – 1 – 14   练习图形 4

小   结

　　截止到本任务我们已经掌握了大多数的绘图命令：直线、多段线、样条曲线、修订云线、矩形、正多边形、圆、圆弧、椭圆、椭圆弧、图案填充等，以及一些编辑命令。

　　任何一幅复杂的图形都是由若干个最基本的图形元素（如直线、圆、圆弧、椭圆及椭圆弧、正多边形、矩形、多段线、样条曲线）组成的，掌握这些基本元素的绘制方法是整个绘图的基础。如果要提高设计绘图效率，还需要掌握对图形的编辑。

　　编辑命令是对已有的图形进行移动、旋转、缩放、删除及其他修改操作的命令。与手工绘图相比，采用 AutoCAD 绘图最突出的优点就是图形复制、修改、删除等编辑操作十分方便。从某种意义上讲，在 AutoCAD 中绘制图形主要是通过编辑命令完成，对于一些复杂的图形，只有依靠编辑命令才能完成。对图形执行编辑命令不但要掌握编辑命令功能，更为重要的是在实践过程中了解各个编辑命令的应用场合，从而便于灵活应用。

　　编辑命令主要有：删除、拉伸、复制、剪切、偏移、延伸、阵列、镜像、移动、旋转、倒角、圆角、缩放、分解等。未涉及的命令，在以后的学习过程中将陆续讲解。

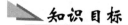

项目六 图形的标注

任务一 完成文字标注

知识目标

1. 掌握创建、修改文字样式的方法。
2. 掌握单行文字、多行文字的书写方法。
3. 掌握编辑文字的方法。

能力目标

具备计算机绘图中有关文字的设置、修改和创建的能力。

一、工作任务

创建正确的文字样式，按照图6-1-1绘制边框、标题栏，根据要求填写标题栏中的文字、书写技术要求，内容如有改变可通过编辑文字来进行修改。

技术要求：
1.调质处理220~250 HBW；
2.齿面淬火50~55 HRC。

齿轮轴			比例	1：1	材料	45
			数量	1	图号	
制图	张××	2019.11	××学院			
审核	王××	2019.12				

图6-1-1 填写文字、书写技术要求样图

编辑要求：

"齿轮轴"用5号字，"××学院"用5号字，"制图""张××"用2.5号字，"审核""王××"用2.5号字，"比例""1：1"用3.5号字，"技术要求"用5号字，其余字高都为2.5。

二、相关知识

（一）绘图中的文字

文字是工程图样中不可缺少的部分。为了正确地表达设计思想，除了用视图表达机件的形状、结构外，还要在图样中标注尺寸、注写技术要求、填写标题栏等。AutoCAD 2020 提供了强大的文字处理功能，除支持传统和扩展的字符格式外，还提供了符合国家标准的汉字和西文字体，使工程图样中的文字清晰、美观，增强了图形的可读性。

（二）创建文字样式

1. 文字样式的功能

文字样式包括文字的【字体】【字型】【高度】【宽度系数】【倾斜角】【反向】【倒置】以及【垂直】等参数，在图样中书写文字时，这些参数的组合称为样式。

在创建文字注释和尺寸标注时，缺省的文字样式名为 standard，用户可以根据具体要求重新设置文字样式或创建多个义字样式，但是只能选择其中一个作为当前样式（汉字和字符，应分别建立文字样式），且样式名与字体要一一对应。

2. 调用命令的方法

（1）样式工具栏：单击【文字样式】 **A** 按钮。

（2）命令行：输入 Style，按 < Enter > 键。

（3）菜单栏：单击【格式】→【文字样式】。

3. 操作步骤

（1）选择【格式】→【文字样式】或者使用上述其他两种方法调用该命令，都会弹出如图 6 - 1 - 2 所示的【文字样式】对话框。

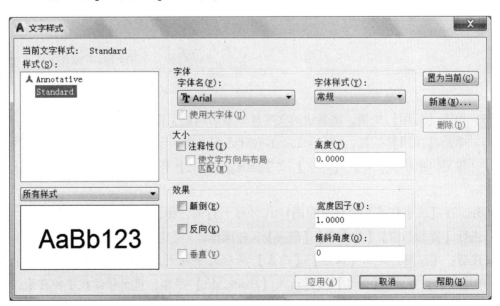

图 6 - 1 - 2 【文字样式】对话框

（2）系统默认的文字样式名为 standard，字体为 txt. shx，高度为 0，宽度因子为 1。如果要创建新文字样式，在该对话框中单击【新建】按钮，打开如图 6 - 1 - 3 所示的【新建文字样式】对话框。

图 6 - 1 - 3 【新建文字样式】对话框

（3）在 6 - 1 - 3 所示的【样式名】文本框中输入样式名【汉字】，单击【确定】按钮，返回 6 - 1 - 2 所示的【文字样式】对话框。

（4）在【字体】设置区中，选择字体，设置样式，如图 6 - 1 - 4 所示。【汉字】样式的字体名选用【长仿宋字】，即【仿宋】字体。

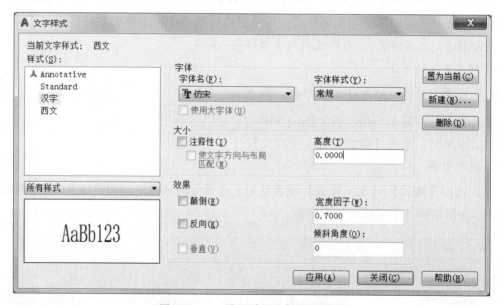

图 6 - 1 - 4 设置【汉字】文字样式

（5）单击【应用】按钮，将新建的文字样式置为当前，保存结果。

（6）单击【关闭】按钮，6 - 1 - 2 所示的对话框消失。

（7）重复以上步骤，建立【西文】文字样式。【西文】样式的字体名选用【gbeitc. shx】字体。

此外，在【文字样式】对话框中的样式名称上右击，弹出快捷菜单，如图 6 - 1 - 5 所示，可进行【置为当前】【重命名】【删除】3 种操作。

▲注意：建议用户建立【汉字】【西文】两种文字样式。【汉字】样式选用【长仿宋字】，即【仿宋】字体。【西文】样式选用【gbeitc. shx】字体，用于标注数字和符号。

图6-1-5 右击【汉字】样式，弹出快捷菜单

4. 【文字样式】对话框中的有关说明

（1）【字体】选项组：用于设置文字样式的字体和字高等属性。其中，【字体名】下拉列表框用于选择字体，确定字体高度，用户还可以根据需要选择字体效果。【字体样式】下拉列表框用于选择字体格式，如斜体、粗体和常规字体等。选中【使用大字体】复选框，【字体样式】下拉列表框变为【大字体】下拉列表框。大字体一般用于选择大字体文件。

（2）【高度】文本框：用于设置输入文字的默认高度。其默认值是0，在使用Text命令输入单行文字时，命令行将显示"指定高度："提示，要求指定文字的高度；输入多行文字时，文字高度可以在对话框中设置。如果在【高度】文本框中输入了文字高度，AutoCAD将按此高度标注文字，而不再提示指定高度。建议用户将文字高度设置为0。

（3）【字体样式】下拉列表框：用于指定字体的格式，如常规字体、粗体或斜体等。

（4）【效果】选项组：用于设置文字颠倒、反向、垂直特殊效果，如图6-1-6所示。

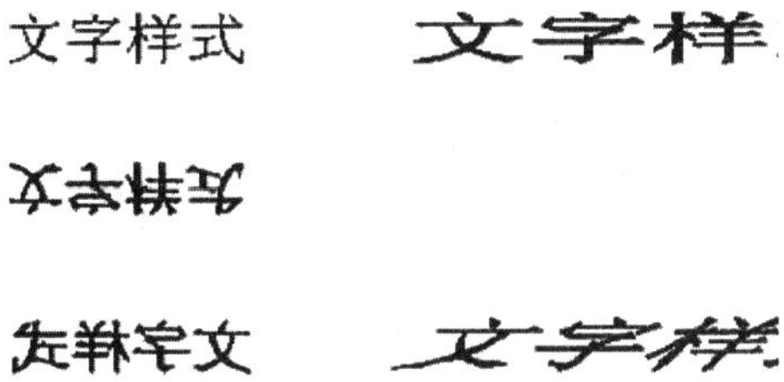

文字样式   文字样

文字样式

左举字文   文字样

图6-1-6 文字效果

①颠倒：将文字倒过来显示。

②反向：将文字左右反转显示。

③垂直：将文字垂直显示。

可以同时选择以上的两项或三项用来显示文字，如同时选择"颠倒"和"反向"。

（5）【宽度因子】文本框：用于设置文字高度和宽度比例。大于 1 时，文字变扁；小于 1 时，文字变窄。

（6）【倾斜角度】文本框：用于设置文字的倾斜角度，正值表示右倾，负值表示左倾。

（三）单行文字

1. 功能

在 AutoCAD 2020 中，使用【文字】工具栏可以创建和编辑文字。在输入单行文字过程中通过按＜Enter＞键可创建多行文字，但每一行都是一个独立的文字对象，因此可以用来创建文字内容比较简短的文字对象（如标签），并且可以进行单独编辑。例如，用【单行文字】命令创建标注文字、标题栏文字等内容。

2. 创建单行文字的方法

（1）菜单栏：单击【绘图】→【文字】→【单行文字】。

（2）命令行：输入 Text 或 Dtext，按＜Enter＞键。

3. 操作步骤

执行该命令时，AutoCAD 2020 提示：

当前文字样式:Standard　当前文字高度:0.000 0　　　　　　　　　＊系统默认＊

指定文字的起点或[对正(J)/样式(S)]:　　　　　　　＊用鼠标指定文字起点＊

指定高度＜2.0＞:　　　　　　　　　　　＊输入文字高度,按＜Enter＞键＊

指定文字的旋转角度＜0＞:　　　　＊输入文字的旋转角度,默认为 0°,按＜Enter＞键＊

4. 选项说明

1）对正（J）

在"指定文字的起点或［对正（J）/样式（S）］:"提示信息后输入"J"，可以设置文字的排列方式。此时，命令行显示如下提示信息。

输入选项[对齐(A)/调整(F)/中心(C)/中间(M)/右(R)/左上(TL)/中上(TC)/右上(TR)/左中(ML)/正中(MC)/右中(MR)/左下(BL)/中下(BC)/右下(BR)]:

在 AutoCAD 2020 中，系统为文字提供了多种对正方式，用户可根据需要选择。

2）样式（S）

在"指定文字的起点或[对正(J)/样式(S)]:"提示下输入"S"，可以设置当前使用的文字样式。选择该选项时，命令行显示如下提示信息。

输入样式名或［?］＜Mytext＞:

可以直接输入文字样式的名称，也可输入"?"并按＜Enter＞键，在 AutoCAD 2020 文本窗口中显示当前图形已有的文字样式。

5. 使用文字控制符

在图形中书写文字时，除了可以输入汉字、英文字符、数字和常用符号外，AutoCAD 2020 还提供了控制码及部分特殊字符——控制符，AutoCAD 2020 的控制符由两个百分号（％％）及后面紧接的一个字符构成。例如，输入％％C 显示圆的直径符号 φ、输入％％D 显示度的符号°等。这些符号不能直接从键盘输入，要使用控制符设置。控制符如表 6 − 1 − 1 所示。

表 6 − 1 − 1　控制符

控制符	功能
%%O	打开或关闭文字上划线
%%U	打开或关闭文字下划线
%%D	标注度（°）符号
%%P	标注正负公差（±）符号
%%C	标注直径（φ）符号

（四）多行文字

1. 功能

【多行文字】又称为段落文字，是一种更易于管理的文字对象，由两行以上的文字组成，而且各行文字都是作为一个整体处理，因此特别适用于处理成段的文字。在机械制图中，常使用【多行文字】命令创建较为复杂的文字说明，如图样的技术要求等。

2. 调用命令的方法

（1）绘图工具栏：单击【文字】 **A** 按钮。

（2）命令行：输入 Mtext，按 < Enter > 键。

（3）菜单栏：单击【绘图】→【文字】→【多行文字】。

3. 操作步骤

使用上述任何一种方法调用该命令，命令行中会出现如下提示：

命令:_mtext 当前文字样式:"汉字"　文字高度:2　注释性:否　　　　　＊系统默认＊

指定第一角点:　　　　　　　　　　　　　　　＊用鼠标指定文字框的第一角点＊

指定对角点或[高度(H)/对正(J)/行距(L)/旋转(R)/样式(S)/宽度(W)/栏(C)]:

　　　　　　　　　　　＊用鼠标指定文字框的另一角点,或选择[]里的选项＊

4. 选项说明

（1）高度（H）：用来设置字体高度。

（2）对正（J）：用来设置文字的对正方式。

（3）行距（L）：用来设置行距。

（4）旋转（R）：用来设置字体的倾斜角度。

（5）样式（S）：用来设置当前使用的文字样式。

（6）宽度（W）：用来设置标尺的长度数值。

（7）栏（C）：用来设置栏的参数。例如，输入栏类型[动态(D)/静态(S)/不分栏(N)] <动态(D) >:D

指定栏宽：<75>：10

指定栏间距宽度：<12.5>：20

指定栏高：<25>：20

5. 多行文字的编辑器

当用户指定了矩形区域的另一点后，系统将打开【多行文字编辑器】对话框，如图6-1-7所示。在该对话框中可以进行设置字符格式、改变段落特性、调整行距以及查找和替换文字等操作。

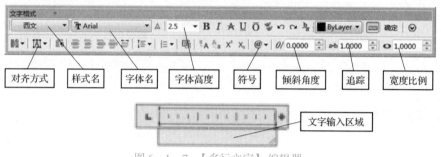

图6-1-7 【多行文字】编辑器

1）【文字格式】工具栏

【文字格式】工具栏用于控制所标注文字的字符格式，包括文字的字体、字高、加粗、倾斜、下划线、颜色等。该工具栏各按钮的功能如下。

（1）字体——从下拉列表框中选择字体。

（2）字高——在文本框中输入字高值或在下拉列表中选择字高值。

（3）颜色——在下拉列表中选择颜色，一般选择随层。

（4）堆叠——单击"堆叠/非堆叠"按钮，可以创建堆叠文字（堆叠文字是一种垂直对齐的文字或分数）。在使用时，需要分别输入分子和分母，其间使用/、#或^分隔，然后选择这一部分文字，单击该按钮即可。

2）快捷菜单

在文字编辑区右击，出现快捷菜单，可以进行插入符号和字段、输入文字、设置段落特性、以及查找和替换文字各种操作。

3）标尺

通过拖动标尺上的第一行缩进滑块来定义每个段落的首行缩进，如要对每个段落的其他行缩进，可以拖动段落滑块；也可以通过单击【标尺设置制表位】来设置制表符。

4）文字编辑区

文字编辑区是用于书写文字的区域。

（五）修改文字

1. 编辑单行文字

对单行文字的编辑主要包括两个方面的内容：修改文字特性和修改文字内容。

如果要修改文字内容，直接双击文字，即可直接进行修改。

如果要修改文字样式，有以下两种办法。

（1）修改当前使用的文字样式来编辑文字特性。

（2）在【对象特性】对话框中修改。选中文字后，单击【标准】工具栏中的【对象特性】 按钮，或右击，在快捷菜单中选择【特性】命令，打开文字的【特性】面板，如图6-1-8所示。

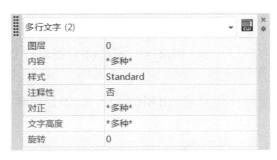

图6-1-8 【特性】面板

2. 编辑多行文字

编辑多行文字的方法较简单，先选中需要编辑的多行文字，双击打开【多行文字编辑器】对话框，然后编辑文字；或者在选中的多行文字上右击，弹出快捷菜单，如图6-1-9所示，选择【编辑多行文字】，打开【多行文字编辑器】对话框，进行文字编辑。

三、任务实施

第1步：设置图形界限。

（1）单击菜单【格式】→【单位】，设置长度为小数点后2位，角度为小数点后1位。

（2）单击菜单【格式】→【图形界限】，根据图形尺寸，将图形界限设置为210×297。打开栅格，显示图形界限。

第2步：创建图层。

打开图层管理器，创建各个图层的特性如表6-1-2所示。

图6-1-9 【编辑多行文字】
快捷菜单

表6-1-2 各个图层的特性

层名	颜色	线型	线宽	功能
中心线	红色	Center	0.25	画中心线
虚线	黄色	Hidden	0.25	画虚线
细实线	蓝色	Continuous	0.25	画细实线及尺寸、文字
剖面线	绿色	Continuous	0.25	画剖面线
粗实线	白（黑）色	Continuous	0.50	画轮廓线及边框

第3步：设置对象捕捉。

右击状态栏上的【对象捕捉】→【设置】，设置捕捉模式：端点、交点。为提高绘图速度，用户最好同时打开【对象捕捉】【对象追踪】【极轴】。

第4步：绘制边框。

（1）在图层下拉框中，将【粗实线】图层设置为当前图层。

（2）调用【矩形】命令：_rectang。

命令行中出现"指定第一角点或[倒角（C）/标高（E）/圆角（F）/厚度（T）/宽度（W）]："时，输入(5,5)，按<Enter>键。

命令行中出现"指定另一角点或[面积（A）/尺寸（D）/旋转（R）]："时，输入（205,292），按<Enter>键。

第5步：绘制标题栏。

（1）利用【直线】命令，以边框的右下角为起点，顺时针方向绘制标题栏的外边框，如图6-1-10所示。

（2）利用【偏移】命令，将标题栏最上边的一条边依次向下偏移7，画出栏内3条横线，如图6-1-11所示。

（3）重新调用【偏移】命令，从标题栏最左边一条竖线起，依次向右边偏移15、25、30、15、15、15，如图6-1-12所示。

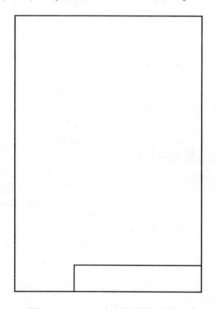

图6-1-10　绘制标题栏步骤1

图6-1-11　绘制标题栏步骤2

（4）利用【修剪】命令，将多余边框修剪，最后有些对象修剪不掉，用【删除】命令进行删除，如图6-1-13所示。

（5）用【窗交方式】选中标题栏边框内的线条，使其转换到【细实线】层，如图6-1-14所示。

图 6 - 1 - 12　绘制标题栏步骤 3

图 6 - 1 - 13　绘制标题栏步骤 4

图 6 - 1 - 14　边框和标题栏

第 6 步：创建文字样式。

（1）选择【格式】→【文字样式】，弹出【文字样式】对话框。

（2）在【文字样式】对话框中单击【新建】按钮，弹出【新建文字样式】对话框。

（3）在【新建文字样式】对话框中的【样式名】文本框中输入样式名【汉字】，单击

【确定】按钮，返回"文字样式"对话框。

(4) 在【字体】选项组中，设置【字体名】为"TT 仿宋"，设置【字体样式】为【常规】，设置【高度】为0，设置【宽度因子】为0.7，设置【倾斜角度】为0，如图6-1-15所示。

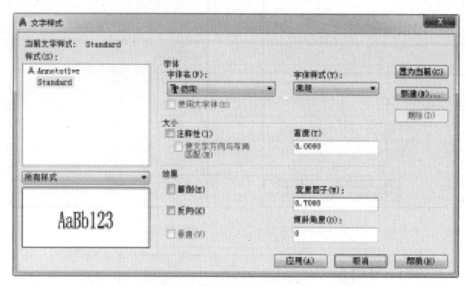

图6-1-15　设置字体、大小、效果

(5) 单击【应用】按钮，将文字样式所进行的调整置为当前。

(6) 单击【关闭】按钮，保存样式设置。

(7) 重复 (1)～(6) 步的设置，建立【西文】标注样式，以备后用。

第7步：将细实线图层置为当前层。

第8步：填写标题栏中的文字。

(1) 单击【绘图】→【文字】→【单行文字】，执行该命令时，AutoCAD 提示：

当前文字样式:Standard　当前文字高度:5.000　　　　　　　　　　＊系统默认＊

指定文字的起点或[对正(J)/样式(S)]:　　　　　　　　　＊用鼠标指定文字起点＊

指定高度 <2.0>:5　　　　　　　　　　　＊设置文字高度5,按 <Enter>键＊

指定文字的旋转角度 <0>:　　　　　　　　＊默认文字的旋转角度为0,按 <Enter>键＊

在文本框中输入"齿轮轴"。

(2) 用同样的方法输入"××学院"。

(3) 在绘图区域空白处右击，在弹出的快捷菜单中选中【重复单行文字】，执行该命令时，AutoCAD 提示：

当前文字样式:Standard　当前文字高度:5.000　　　　　　　　　　＊系统默认＊

指定文字的起点或[对正(J)/样式(S)]:　　　　　　　　　＊用鼠标指定文字起点＊

指定高度 <2.0>:2.5　　　　　　　　　　＊设置文字高度2.5,按 <Enter>键＊

指定文字的旋转角度 <0>:　　　　　　　　＊默认文字的旋转角度为0°,按 <Enter>键＊

在文本框中输入"姓名"。

(4) 用同样的方法依次填写样图标题栏中的文字即可。

第9步：书写技术要求。

(1) 单击【绘图】→【文字】→【多行文字】，命令行中会出现如下提示：

命令:_mtext 当前文字样式:"汉字"文字高度:2　注释性:否　　　　＊系统默认＊

指定第一角点：　　　　　　　　　　　　　　　　＊用鼠标指定文字框的第一角点＊

指定对角点或[高度(H)/对正(J)/行距(L)/旋转(R)/样式(S)/宽度(W)/栏(C)]：

　　　　　　　　　　　　　　　　　　　　　　＊用鼠标指定文字框的另一角点＊

当用户指定了矩形区域的另一点后，系统将打开【多行文字】编辑器，如图6-1-7所示。

(2) 在6-1-7所示的编辑器中的文字输入区域输入"技术要求"，回车，然后再输入"1. 调质处理 HB220-250"，回车，然后再输入"齿轮淬火 HRC50-55"，最后单击"确定"。

(3) 编辑技术要求。选中需要编辑的多行文字，然后双击，打开"多行文字编辑器"对话框，然后将"技术要求"字高设置为5，其余文字字高设置为2.5。

自 测 题

一、思考题

1. 简述单行文字和多行文字的区别。

2. 简述常用控制符的功能。

3. 如何建立一个新的文字样式？

二、选择题

1. 多行文字是（　　）个独立的对象。

A. 一个　　　　　　　　　　　　　　　B. 两个

C. 三个　　　　　　　　　　　　　　　D. 多个

2. 输入文字前，首先要（　　）。

A. 设置文字样式　　　　　　　　　　　B. 设置文字大小

C. 设置文字字体　　　　　　　　　　　D. 以上都不对

三、上机题

1. 利用【多行文字】命令输入下列的技术要求，其中"技术要求"4个字的高度为7，其他文字的高度为5。

技术要求

(1) 上、下轴衬与轴承座及轴承间应保持接触良好。

(2) 轴衬最大压力 $p \leqslant 3 \times 10 E + 7$ Pa。

（3）轴衬与轴颈最大线速度≤8 m/s。

（4）轴承温度低于120 ℃。

2. 填写标题栏。填写前，应用 ZOOM 命令将标题栏部分放大显小。

要求：

图名："几何作图"——10 号字。

单位："××学院"——7 号字。

制图：（绘图者名字）——5 号字。

校核：（校核者名字）——5 号字。

比例：1∶1——3.5 号字。

▲注意：同字高的各行文字应在一次命令中注写。

3. 书写下列文字。

85±5 ℃

ϕ30±0.012 3

小　　结

一幅完整的图样应有图纸说明、注释等内容。文字和图形一起表达完整的设计思想，它是图样中不可或缺的一部分，希望用户掌握相关的设置和操作方法。

本任务主要介绍了机械图样中文字输入的两种方法，即单行文字输入、多行文字输入。提醒用户注意：输入文字前要先设置文字样式，然后再输入文字；如果用户需要，可以创建多种文字样式。

任务二　标注尺寸

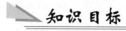

知识目标

⒈掌握创建、修改标注样式的方法。

⒉掌握基本尺寸的标注方法。

⒊掌握尺寸标注的编辑方法。

⒋掌握形位公差、尺寸公差的标注方法。

能力目标

具备利用标注功能，设置标注样式，标注基本尺寸、尺寸公差和形位公差的能力。

一、工作任务

标注如图 6 – 2 – 1 所示的阶梯轴的尺寸（表面粗糙度除外）。首先创建尺寸标注样式，然后标注图形中轴的基本尺寸、极限尺寸和形位公差等，标注的内容符合国家标准中机械制图的有关规定。用户还能够对标注进行修改。

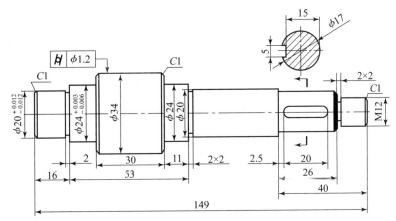

图 6 – 2 – 1 所要标注轴的图样

二、相关知识

（一）尺寸标注的规则与组成

尺寸标注是零件加工、制造、装配的重要依据，是绘图过程中的重要环节。尺寸标注包括标注尺寸和注释两个部分。AutoCAD 2020 中的尺寸标注采用半自动方式，系统按图形的测量值和标注样式进行标注。尺寸标注样式是一组尺寸变量设置的集合，它用于控制尺寸标注的外观形状，如尺寸线间的距离、箭头的形式和大小、尺寸数字标注的位置等。

1. 尺寸标注的规则

在 AutoCAD 2020 中，对绘制的图形进行尺寸标注时应遵循以下规则。

（1）物体的真实大小应以图样上所标注的尺寸数值为依据，与图形的大小及绘图的比例无关。

（2）图样中的尺寸以毫米为单位时，不需要标注计量单位的代号或名称。如采用其他单位，则必须注明相应计量单位的代号或名称，如度、厘米及米等。

（3）图样中所标注的尺寸为该机件最后完工的尺寸，否则应另加说明。

（4）一般机件的每一尺寸只标注一次，且应标注在反映该尺寸最清晰的图形上。

2. 尺寸标注的组成

在机械制图或其他工程制图中，一个完整的尺寸标注应由标注文字、尺寸线、尺寸界线和起止符组成。

3. 尺寸标注的类型

AutoCAD 2020 提供了十余种标注工具以标注图形对象，分别位于【标注】菜单或【标

注】工具栏中，可以进行角度、直径、半径、线性、对齐、连续、圆心及基线等的标注。

（二）标注样式的设置

1. 功能

在 AutoCAD 2020 中，使用标注样式可以控制标注的格式和外观，建立强制执行的绘图标准，有利于对标注格式及用途进行修改。

2. 操作步骤

（1）选择【格式】→【标注样式】命令，打开如图 6-2-2 所示的【标注样式管理器】对话框。在【标注样式管理器】对话框中，可以进行如下相关功能的设置。

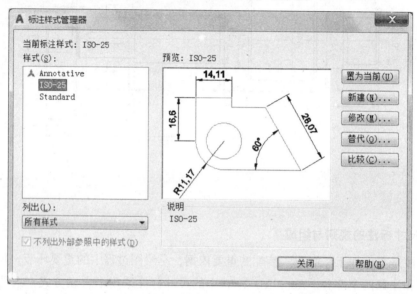

图 6-2-2 【标注样式管理器】对话框

①预览：预览已有的尺寸标注样式的效果。

②置为当前：将某种标注样式设置为当前使用的样式。

③新建：新建标注样式。

④修改：修改标注样式中的某些参数。

⑤替代：使用该方法可在不修改当前标注样式的情况下修改尺寸标注的参数设置。

⑥比较：将两个或两个以上的标注样式进行比较。

（2）单击图 6-2-2 所示对话框中的【新建】按钮，弹出 6-2-3 所示的【创建新标注样式】对话框。在该对话框中的【新样式名】文本框中输入【机械样式】，在【基础样式】下拉列表框中选择 ISO-25 标注样式作为基础样式，用于所有标注。

在【创建新标注样式】对话框中，还可以进行如下相关功能的设置。

①新样式名：在文本框中为新建的样式命名。

②基础样式：在下拉列表中选择一个标注样式作为新建样式的基础样式。

③用于：在下拉列表中选择标注的类型（直径、半径、角度、所有标注等）。

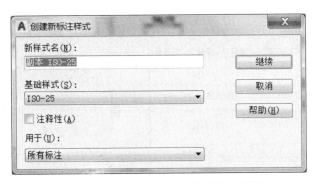

图 6-2-3 【创建新标注样式】对话框

（3）单击图 6-2-3 所示对话框中的【继续】按钮，弹出图 6-2-4 所示的【新建标注样式：机械样式】对话框。在该对话框中，设有【线】【符号和箭头】【文字】【调整】【主单位】【换算单位】【公差】7 个选项卡，用户可根据需要分别选择其中的选项，对相关变量进行设置。

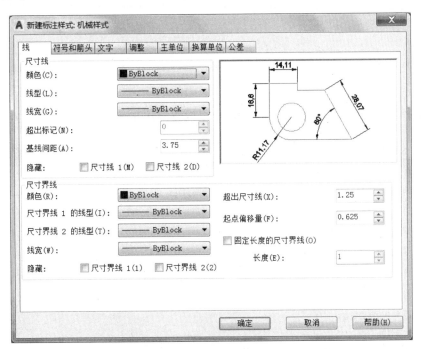

图 6-2-4 【新建标注样式：机械样式】对话框

①【线】选项卡如图 6-2-4 所示，用户可根据需要分别设置尺寸线、尺寸界线有关项数值、颜色，在复选框中直接选择尺寸线、尺寸界限终端的表达形式等。例如，将尺寸线【基线间距】设置为【7】，尺寸界线中的【颜色】设置为【红色】，设置【超出尺寸】的数值为【2】，设置【起点偏移量】为【0】。

②【符号和箭头】选项卡如图 6-2-5 所示，可以设置箭头、圆心标记、弧长符号和半径标注折弯的格式与位置。用户可根据需要在列表框中选择第一端和第二端的箭头形式和箭头大小，如设置为 3.5。

图6-2-5 【符号和箭头】选项卡

③【文字】选项卡如图6-2-6所示，可以设置标注文字的外观、位置和对齐方式。

图6-2-6 文字选项卡

在"文字外观"选项组，可从下拉列表框中选择一个文字样式，如要创建和修改标注文字样式，可单击右边的 [···] 按钮，打开【文字样式】对话框。例如，设置【文字颜色】为【红色】，设置【文字高度】为【3.5】。

在"文字位置"选项组，可将【垂直】项设置为【上方】，将【水平】项设置为【置中】，将【从尺寸线偏移】项设置为【2】。

在"文字对齐"选项组，选择【与尺寸线对齐】（缺省项），标注角度时应设为【水平】。

④【调整】选项卡如图6-2-7所示，可以设置标注文字、尺寸线、尺寸界限和箭头的位置。在【调整选项】选项组：

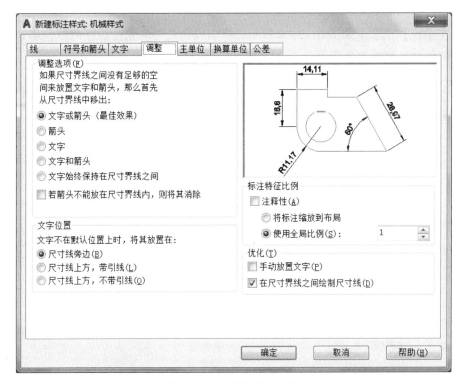

图6-2-7 【调整】选项卡

a.【文字或箭头（最佳效果）】——为缺省项，文字和箭头会自动选择最佳位置；

b.【箭头】——如果尺寸界线之间没有足够的空间来放置文字和箭头，优先将箭头移至尺寸界线外；

c.【文字】——如果尺寸界线之间没有足够的空间来放置文字和箭头，优先将文本移到尺寸界线外；

d.【文字和箭头】——如果尺寸界线之间没有足够的空间来放置文字和箭头，则将文字和箭头都放在尺寸界线之外（为标注方便，建议选取此项）；

e.【若箭头不能放在尺寸界线内，则将其消除】复选框——如不能将文字和箭头放在尺寸界线内，则隐藏箭头。

在【文字位置】选项组（当文字不在默认位置时）：

a. 将文字放在尺寸线旁边；

b. 将文字放在尺寸线上方，加引线；

c. 将文字放在尺寸线上方，不加引线。

在【标注特征比例】选项组：

a. 尺寸元素中文字的缩放比例因子；

b. 根据当前模型空间视口和图纸空间之间的比例确定比例因子。

在【优化】选项组：

a. 标注时手动放置文字，选择此项尺寸文字位置标注灵活；

b. 始终在尺寸界线之间绘制尺寸线，为缺省项。

⑤【主单位】选项卡如图 6-2-8 所示，可以设置线性和角度标注的单位格式、精度、消零及测量单位比例等内容。

图 6-2-8 【主单位】选项卡

在【线性标注】选项组：

a. 选择单位格式，一般为小数；

b. 设置线性尺寸精度，若标注的基本尺寸为整数设 0，若要标极限偏差应设 0.000；

c. 确定小数分隔符，一般为【"."（句点）】；

d. 设置前缀，在标注直径时输入代码%%C。

在【测量单位比例】选项组：

比例因子用来控制系统测量值的大小，缺省值为 1，可根据需要调整。大于 1 时为放大，小于 1 时为缩小。

在【角度标注】选项组：

a. 选择角度单位格式，一般为十进制度数；

b. 设置角度单位精度，通常取 0。

⑥【换算单位】选项卡如图 6-2-9 所示，可以设置换算单位的格式。

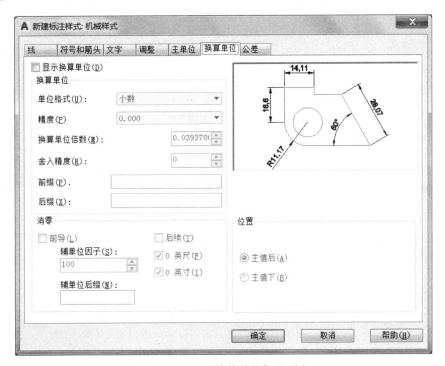

图 6-2-9 【换算单位】选项卡

⑦【公差】选项卡如图 6-2-10 所示，可以设置是否标注公差，以及以何种方式进行标注。

（4）设置完以上 7 个选卡，单击 6-2-10 所示对话框中的【确定】按钮，弹出 6-2-11 所示的【标注样式管理器】对话框，新建的标注样式显示在预览区。用户如果对创建的样式不满意，可单击【修改】按钮，重新进行设置。

（三）基本标注命令

中文版 AutoCAD 2020 提供了强大的图形尺寸标注功能，其内容如图 6-2-12【标注】工具条所示。

1. **基本标注命令之一：线性标注**

1）功能

通过指定点或选择一个对象来标注两个点之间的水平或垂直距离测量值。

2）调用命令的方法

（1）标注工具栏：单击【线性】⊢按钮。

（2）命令行：输入 Dimlinear，按 < Enter > 键。

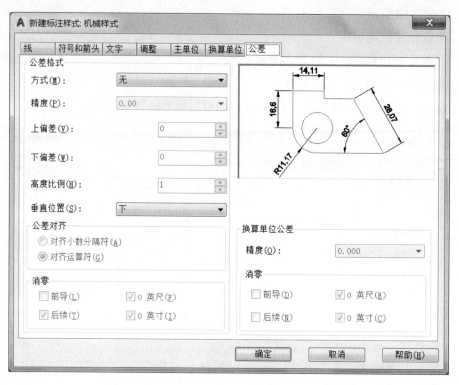

图 6 - 2 - 10 【公差】选项卡

图 6 - 2 - 11 【标注样式管理器】对话框

图 6 - 2 - 12 【标注】工具条

（3）菜单栏：单击【标注】→【线性】。

3）操作步骤

命令:_dimlinear

指定第一条尺寸界线原点或＜选择对象＞：　　　＊用鼠标指定第一条尺寸界线原点＊

指定第二条尺寸界线原点：　　　　　　　　　　＊用鼠标指定第二条尺寸界线原点＊

创建了无关联的标注。　　　　　　　　　　　　　　　＊系统自动提示＊

指定尺寸线位置或[多行文字(M)/文字(T)/角度(A)/水平(H)/垂直(V)/旋转(R)]：

　　　　　　　　　　　　　　　　　　　　　　＊用鼠标指定尺寸线位置＊

标注文字=42.6　　　　　　　　　　＊系统自动提示所标注直线段的长度＊

4）对话框中的有关说明及提示

（1）多行文字（M）：利用【多行文字】命令书写尺寸数字或注释。

（2）文字（T）：利用【单行文字】命令书写尺寸数字或注释。

（3）角度（A）：尺寸数字与X轴正向成一定的夹角。

（4）水平（H）：尺寸数字水平书写。

（5）垂直（V）：尺寸数字垂直书写。

（6）旋转（R）：尺寸数字与X轴正向成一定夹角。

2. 基本标注命令之二：对齐标注

1）功能

对齐标注是尺寸线始终与直线段对齐的一种标注方法，如

图6-2-13所示。

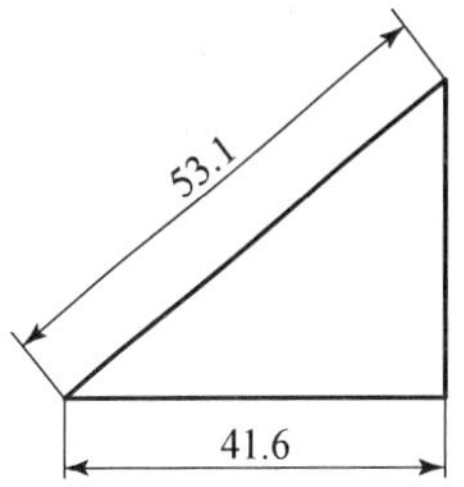

2）调用命令的方法

（1）标注工具栏：单击【对齐】  按钮。

（2）命令行：输入 Dimaligned，按＜Enter＞键。

（3）菜单栏：单击【标注】→【对齐】。

图6-2-13　线性、
对齐标注示例

3）操作步骤

命令:_dimaligned

指定第一条尺寸界线原点或＜选择对象＞：　　　＊用鼠标指定第一条尺寸界线原点＊

指定第二条尺寸界线原点：　　　　　　　　　　＊用鼠标指定第二条尺寸界线原点＊

指定尺寸线位置或[多行文字(M)/文字(T)/角度(A)]：　＊用鼠标指定尺寸线位置＊

标注文字=53.1　　　　　　　　　　＊系统自动提示所标注直线段的长度＊

3. 基本标注命令之三：弧长标注

1）功能

标注圆弧或多段线圆弧部分的弧长，如图6-2-14所示。

2）调用命令的方法

（1）标注工具栏：单击【弧长】 按钮。

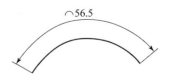

图6-2-14　弧长标注示例

（2）命令行：输入 Dimarc，按 <Enter> 键。

（3）菜单栏：单击【标注】→【弧长】。

3）操作步骤

命令：_dimarc

选择弧线段或多段线弧线段：   *用鼠标指定弧线段或多段线弧线段*

指定弧长标注位置或[多行文字(M)/文字(T)/角度(A)/部分(P)/引线(L)]： *用鼠标指定尺寸线位置*

标注文字 =56.5   *系统自动提示所标注弧线段或多段线弧线段的长度*

也可以利用【多行文字（M）】【文字（T）】或【角度（A）】选项，确定尺寸文字或尺寸文字的旋转角度。另外，如果选择【部分（P）】选项，可以标注选定圆弧某一部分的弧长。

4. 基本标注命令之四：坐标标注

1）功能

用于标注某点的坐标值。

2）调用命令的方法

（1）标注工具栏：单击【坐标】按钮。

（2）命令行：输入 Dimordinate，按 <Enter> 键。

（3）菜单栏：单击【标注】→【坐标】。

3）操作步骤

命令：_dimordinate

指定点坐标：   *用鼠标指定*

指定引线端点或[X基准(X)/Y基准(Y)/多行文字(M)/文字(T)/角度(A)]：

标注文字 =1 567.95   *系统自动提示数值*

5. 基本标注命令之五：半径标注

1）功能

用于标注圆和圆弧的半径，标注时系统自动生成半径符号
"R"，如图 6-2-15 所示。

2）调用命令的方法

（1）标注工具栏：单击【半径】按钮。

（2）命令行：输入 Dimradius，按 <Enter> 键。

（3）菜单栏：单击【标注】→【半径】。

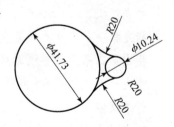

图 6-2-15 直径、
半径标注示例

3）操作步骤

命令：_dimradius

选择圆弧或圆：   *用鼠标指定圆弧或圆*

标注文字 =20   *系统自动提示数值*

指定尺寸线位置或[多行文字(M)/文字(T)/角度(A)]：　　*用鼠标指定尺寸线位置*

6. 基本标注命令之六：直径标注

1）功能

标注圆和圆弧的直径，标注时系统自动生成直径符号"φ"。

2）调用命令的方法

（1）标注工具栏：单击【直径】◇按钮。

（2）命令行：输入 Dimdiameter，按 < Enter > 键。

（3）菜单栏：单击【标注】→【直径】。

3）操作步骤

命令：_dimdiameter

选择圆弧或圆：　　　　　　　　　　　　　*用鼠标指定圆弧或圆*

标注文字 =41.73　　　　　　　　　　　　*系统自动提示数值*

指定尺寸线位置或[多行文字(M)/文字(T)/角度(A)]：　*用鼠标指定折弯位置*

7. 基本标注命令之七：弯折标注

1）功能

可以折弯标注圆和圆弧的半径，标注方式与
半径标注基本相同，只需要指定一个位置代替圆
或圆弧的圆心，如图 6 – 2 – 16 所示。

2）调用命令的方法

（1）标注工具栏：单击【折弯】ↄ按钮。

（2）命令行：输入 Dimjogged，按 < Enter > 键。

（3）菜单栏：单击【标注】→【折弯】。

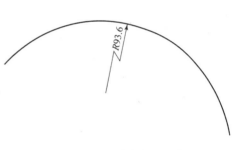

图 6 – 2 – 16　弯折标注示例

3）操作步骤

命令：_dimjogged

选择圆弧或圆：　　　　　　　　　　　　　*用鼠标指定圆弧或圆*

指定图示中心位置：　　　　　　　　　　　*用鼠标指定中心位置*

标注文字 =93.6　　　　　　　　　　　　　*系统自动提示数值*

指定尺寸线位置或[多行文字(M)/文字(T)/角度(A)]：　*用鼠标指定尺寸线位置*

指定折弯位置：　　　　　　　　　　　　　*用鼠标指定折弯位置*

8. 基本标注命令之八：角度标注

1）功能

可以测量圆和圆弧的角度、两条直线间的角度，
或者三点间的角度，如图 6 – 2 – 17 所示。

2）调用命令的方法

（1）标注工具栏：单击【角度】△按钮。

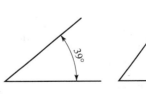

图 6 – 2 – 17　角度标注示例

（2）命令行：输入 Dimangular，按＜Enter＞键。

（3）菜单栏：单击【标注】→【角度】。

3）操作步骤

命令:_dimangular

选择圆弧、圆、直线或＜指定顶点＞:   *用鼠标指定圆弧、圆、直线*

选择第二条直线: *用鼠标选择第二条直线*

指定标注弧线位置或[多行文字(M)/文字(T)/角度(A)/象限点(Q)]: *用鼠标指定标注弧线位置*

标注文字＝39   *系统自动提示数值*

9. 基本标注命令之九：快速标注

1）功能

可以快速创建成组的基线、连续、阶梯和坐标标注，快速标注多个圆、圆弧，以及编辑现有标注的布局。

2）调用命令的方法

（1）标注工具栏：单击【快速标注】 按钮。

（2）命令行：输入 Qdim，按＜Enter＞键。

（3）菜单栏：单击【标注】→【快速标注】。

3）操作步骤

命令:_qdim

关联标注优先级＝端点

选择要标注的几何图形: *用鼠标选择要标注的几何图形*

选择要标注的几何图形: *右击,表示选择结束*

指定尺寸线位置或[连续(C)/并列(S)/基线(B)/坐标(O)/半径(R)/直径(D)/基准点(P)/编辑(E)/设置(T)]＜连续＞:   *用鼠标指定尺寸线位置*

10. 基本标注命令之十：连续标注

1）功能

可以创建一系列端对端放置的标注，每个连续标注都从前一个标注的第二个尺寸界线处开始，如图6-2-18所示，但之前应至少标注了一段尺寸。

2）调用命令的方法

（1）标注工具栏：单击【连续】 按钮。

（2）命令行：输入 Dimcontinue，按＜Enter＞键。

（3）菜单栏：单击【标注】→【连续】。

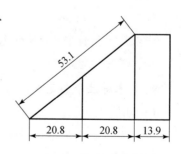

图6-2-18 连续标注示例

3）操作步骤

命令:_dimcontinue

指定第二条尺寸界线原点或[放弃(U)/选择(S)] <选择> :   *鼠标指定第二条尺寸界线原点 *

标注文字 =20.8   *系统自动提示数值 *

指定下一条尺寸界线原点或[放弃(U)/选择(S)] <选择> :   *鼠标指定下一条尺寸界线原点 *

标注文字 =13.9   *系统自动提示数值 *

指定下一条尺寸界线原点或[放弃(U)/选择(S)] <选择> :   *鼠标指定下一条尺寸界线原点 *

选择连续标注: *右击确定 *

11. 基本标注命令之十一: 基线标注

1) 功能

可以标注与前一个或选定标注具有相同的第一条尺寸界限（基线）的一系列线性尺寸、角度尺寸或坐标标注，如图 6 - 2 - 19 所示。

2) 调用命令的方法

(1) 标注工具栏: 单击【基线】 按钮。

(2) 命令行: 输入 Dimbaseline，按 < Enter > 键。

(3) 菜单栏: 单击【标注】→【基线】。

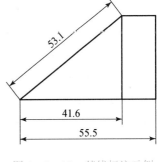

图 6 - 2 - 19 基线标注示例

3) 操作步骤

命令:

指定第二条尺寸界线原点或[放弃(U)/选择(S)] <选择> :   *鼠标指定第二条尺寸界线原点 *

标注文字 =55.5   *系统自动提示数值 *

(三) 形位公差标注

1. 功能

可以标注形状位置公差，其特征控制框由两个组件组成: 一是包含一个几何特征符号，二是标注公差值及基准。完整的形位公差标注如图 6 - 2 - 20 所示。

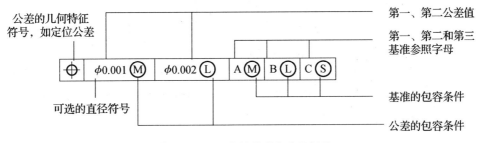

图 6 - 2 - 20 完整的形位公差标注

2. 调用命令的方法

（1）标注工具栏：单击【公差】 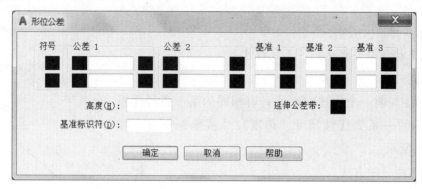 按钮。

（2）命令行：输入 Dimordinate，按 <Enter> 键。

（3）菜单栏：单击【标注】→【公差】。

3. 操作步骤

在如图 6-2-21 所示的【形位公差】对话框中，可以设置公差的符号、公差值及基准等参数。单击【符号】按钮，弹出图 6-2-22 所示的【特征符号】对话框。

图 6-2-21 【形位公差】对话框

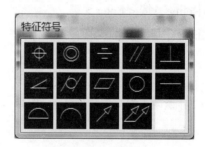

图 6-2-22 【特征符号】对话框

4. 举例

标注图 6-2-23 所示的同轴度的步骤如下：

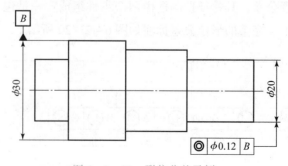

图 6-2-23 形位公差示例

（1）在【标注】工具栏中单击【快速引线标注】图标启动【快速引线标注】命令，绘制形位公差标注引线；

（2）绘制基准符号，用【单行文字】命令输入"B"；

（3）在【标注】工具栏中单击【形位公差】图标，在弹出的【形位公差】对话框中单击【符号】按钮，弹出如图 6 - 2 - 22 所示的【特征符号】对话框，选择同轴度符号；单击公差 1 拾取直径符号"ϕ"，在其文本框中输入"0. 012"；在基准 1 中输入"B"。

（4）单击【确定】，完成该项形位公差的标注。

形位公差的项目、符号如表 6 - 2 - 1 所示。

表 6 - 2 - 1 形位公差项目

分类	项目	符号	分类	项目	符号
形状公差	直线度	—	位置公差	平行度	//
	平面度	▱		垂直度	⊥
	圆度	○		倾斜度	∠
	圆柱度	⌭		同轴度	◎
	线轮廓度	⌒		对称度	≡
	面轮廓度	⌓		位置度	⊕
				圆跳动	↗
				全跳动	↗↗

（四）极限偏差标注

1. 极限偏差样式

标注文字中极限偏差格式有如下 5 种。

（1）对称标注（上下偏差绝对值相等时）：$\phi128 \pm 0. 123$。

（2）只标注上下偏差：$\phi128^{+0. 002}_{-0. 001}$。

（3）只标注公差带代号：$\phi128H7$。

（4）综合标注：$\phi128f7\ (^{+0. 123}_{-0. 456})$。

（5）装配图中的标注：$\phi128H7/f6$。

标注方法一：在【新建标注样式：副本 ISO - 25】对话框中，单击【公差】选项卡，如图 6 - 2 - 24 所示，进行相关设置。

标注方法二：机械图样中有些尺寸需要标注尺寸公差，选择【修改标注样式】对话框中的【公差】选项，也可以设置尺寸偏差的数值。

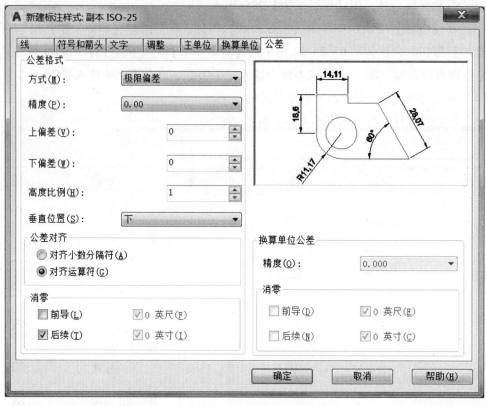

图 6-2-24 【公差】选项卡的设置

利用方法一和方法二操作完成后所有的尺寸标注都被加上一样的偏差数值。所以，不建议用户采用这两种标注方法。下面举例介绍两种常用的方法。

2. 举例

（1）请标注图 6-2-25 所示的极限偏差：φ128 ± 0.123。

在正确建立尺寸标注样式的基础上，可用以下方法中的任何一个。

方法一：在执行【线性标注】命令后，输入 T→按 < Enter > 键→按要求输入文本%%C128%%P0.123→按 < Enter > 键→用光标定位后单击。

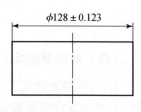

图 6-2-25 尺寸公差的对称标注

方法二：在执行线性标注命令后，输入 M→按 < Enter > 键→弹出【文字格式】对话框，如图 6-2-26 所示，蓝色数值是默认的直线段的长度，在蓝色区域前面输入%%C，后面输入%%P0.123→单击【确定】→用光标定位后单击。

图 6-2-26 【文字格式】对话框

▲**注意**：蓝色数值是默认的直线段的长度。有的版本用 < > 表示直线段的实际长度数值。也有的软件用 ∧ 表示直线段的实际长度数值。用户也可将其删除，自行输入直线段数值。

（2）请标注图 6 - 2 - 27 所示的极限偏差：$\phi128^{+0.002}_{-0.001}$。

方法一：在执行【线性标注】命令后，输入 M→按 < Enter > 键→弹出如图 6 - 2 - 26 所示【文字格式】对话框，在蓝色区域前面输入 ％％C，后面输入 + 0.002^ - 0.001，此时【堆叠】命令是灰色的，不能操作，如图 6 - 2 - 28 所示→将 + 0.002^ - 0.001 选中，此时【堆叠】命令显示可操作，如图 6 - 2 - 29 所示→单击【堆叠】，此时文字格式的效果变成堆叠形式，如图 6 - 2 - 30 所示。

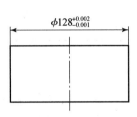

图 6 - 2 - 27　只标注上下偏差示例

图 6 - 2 - 28　输入上下偏差，此时【堆叠】命令灰色

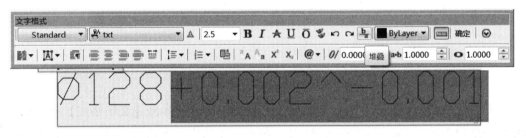

图 6 - 2 - 29　选中上下偏差，此时【堆叠】命令可操作

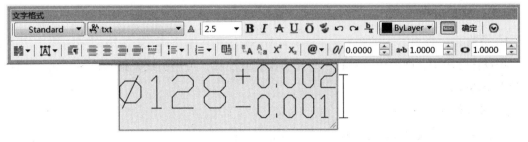

图 6 - 2 - 30　【堆叠】后，上下偏差的形式

方法二：在标注完尺寸以后从对象特性管理器中修改公差。

方法三：在某个标注样式的基础上建立替代，在替代样式中设置公差。

（3）请标注图 6 - 2 - 31 所示的极限偏差：$\phi128H7$。请用户自己标注。

（4）请标注图 6 - 2 - 32 所示的极限偏差：$\phi128f7\left(^{+0.123}_{-0.456}\right)$。

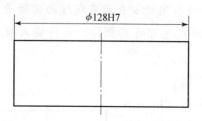

图 6 - 2 - 31 只标注公差带示例

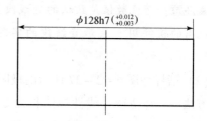

图 6 - 2 - 32 综合标注示例

方法一：在执行线性标注命令后，输入 M→按 < Enter > 键→弹出【文字格式】对话框，蓝色数值是默认的直线段的长度，在蓝色区域前面输入 % % C，后面输入 f7(+ 0. 012^ + 0. 003)，此时，【堆叠】命令是灰色的，不能操作→将" + 0. 012^ + 0. 003"选中，此时，【堆叠】命令显示，可操作→单击【堆叠】→单击【文字格式】对话框中的【确定】。

方法二：在某个标注样式的基础上建立替代，在替代样式中设置公差。

(5) 标注图 6 - 2 - 33 (a) 所示的极限偏差。

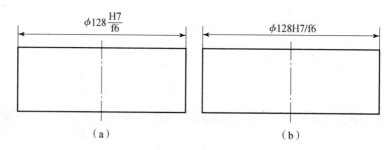

(a)   (b)

图 6 - 2 - 33 装配图中公差的标注示例
(a) 分式形式；(b) 斜分式的形式

在执行【线性标注】命令后，输入 M→按 < Enter > 键→弹出【文字格式】对话框，在蓝色区域前面输入 % % C，后面输入 H7/f6→将 H7/f6 选中→单击【堆叠】→单击【确定】，对话框消失→单击【文字格式】对话框中的【确定】。

(五) 快速引线

1. 功能

在设计过程中，图形中需要有一些文字说明或注释，可用引线来指示这一特征。建议用户首先设置样式。

2. 调用命令的方法

(1) 命令行：输入 Mleaderstyle，按 < Enter > 键。

(2) 菜单栏：单击【标注】→【多重引线】。

3. 操作步骤

命令：_mleaderstyle

回车：   *设置样式,此时会弹出如图 6 - 2 - 34 所示的对话框*

单击修改：   *调出[修改多重引线样式:standard]对话框,如图 6 - 2 - 35 所示*

单击确定：　　　　　　　　　　　　　　　　　　　*设置多重引线样式*

命令：_mleader

指定引线箭头的位置或[引线基线优先(L)/内容优先(C)/选项(O)]：　　*指定位置*

输入选项[引线类型(L)/引线基线(A)/内容类型(C)/最大节点数(M)/第一个角度(F)/第二个角度(S)/退出选项(X)]：　　　　　　　　　　　　　　*设置参数*

输入注释文字<多行文字(M)>：　　　　　　　　　　　　　　　*输入注释文字*

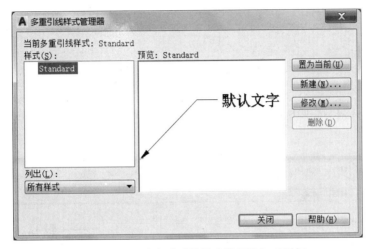

图 6-2-34　【多重引线样式管理器】对话框

4. 对话框中的有关说明及提示

图 6-2-35 所示的对话框中有 3 个选项卡，下面依次介绍。

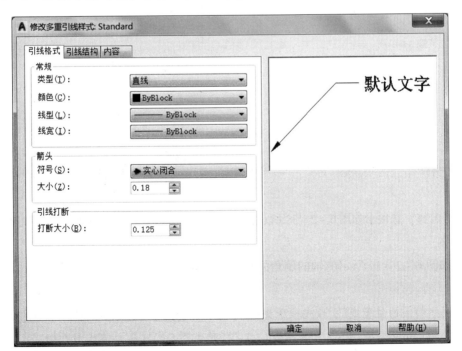

图 6-2-35　【修改多重引线样式：Standard】对话框

（1）【引线格式】选项卡如图 6-2-35 所示，在此选项卡中可以设置引线注释的类型、颜色、线型、线宽等类型。引线注释类型如图 6-2-36 所示。

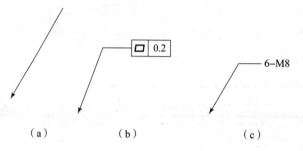

图 6-2-36　引线注释类型

（a）"无"引线标注；（b）"公差"引线标注；（c）"多行文字"引线标注

（2）【引线结构】选项卡如图 6-2-37 所示，在此选卡中可以设置约束、基线设置和比例的格式。

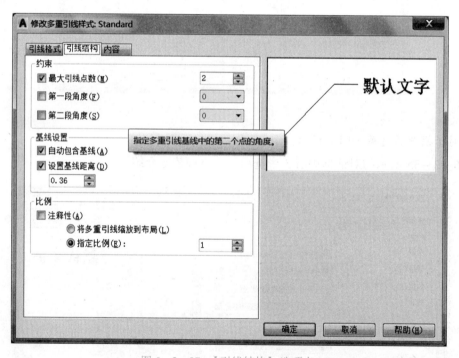

图 6-2-37　【引线结构】选项卡

（3）【内容】选项卡如图 6-2-38 所示，在此选卡中可以设置引线类型、文字和引线连接。

5. 举例

标注如图 6-2-39 所示的轴的倒角的操作步骤如下：

命令:_mleader

指定引线箭头的位置或[引线基线优先(L)/内容优先(C)/选项(O)]：　　　*指定位置*

输入选项[引线类型(L)/引线基线(A)/内容类型(C)/最大节点数(M)/第一个角度(F)/第二个角度(S)/退出选项(X)]：　　　　　　　　　　　　　　*设置参数*

输入注释文字 <多行文字(M)>:C1.5　　　　　*输入注释文字*

在文字样式选项卡里选择字体大小为2.5　　　*输入注释文字高度*

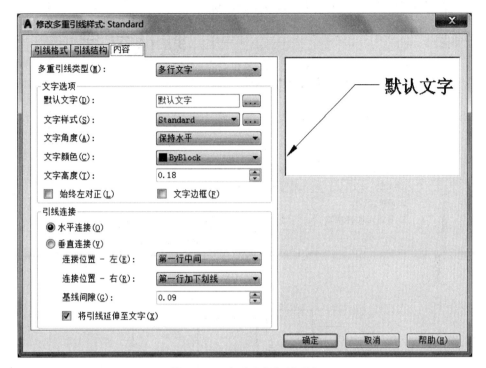

图6-2-38　【内容】选项卡

选中文字，单击【多重引线样式】 按钮，如图6-2-34所示；单击【修改】，如图6-2-35所示；单击【内容】，如图6-2-38所示；【连接位置】选择【第一行加下划线】，如图6-2-40所示。

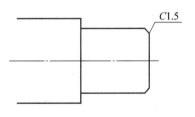

（六）编辑尺寸标注

1. 功能

编辑尺寸标注的文字内容，旋转文本的方向，指定尺寸界线的倾斜角度。

图6-2-39　标注倒角示例

2. 调用命令的方法

命令行：输入 Dimedit，按 <Enter> 键。

3. 操作步骤

命令:_dimedit

输入标注编辑类型[默认(H)/新建(N)/旋转(R)/倾斜(O)]<默认>:O

选择对象:找到 1 个

选择对象:

输入倾斜角度(按 Enter 表示无):15

编辑尺寸标注的效果如图6-2-41所示。

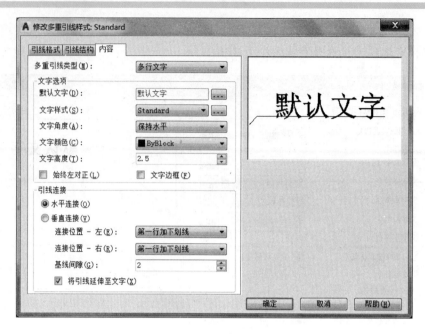

图 6-2-40 选择［第一行加下划线］

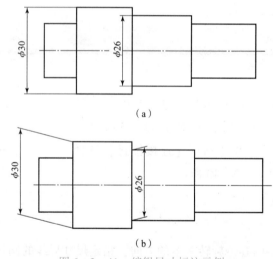

（a）

（b）

图 6-2-41 编辑尺寸标注示例

（a）原对象；（b）将尺寸界线旋转 15°

（七）编辑标注文字

1. 功能

改变尺寸标注的文字沿尺寸线的位置和角度。

2. 调用命令的方法

命令行：输入 Dimtedit，按＜Enter＞键。

3. 操作步骤

命令：_dimtedit　　　　　　　　　　　　　　　　　　　＊调用命令＊

选择标注：　　　　　　　　　　　　　　　　＊单击选中要编辑的标注＊

指定标注文字的新位置或［左(L)／右(R)／中心(C)／默认(H)／角度(A)］:L ＊指定标注文字的新位置＊

4. 对话框中的有关说明及提示

（1）左（L）：指定标注文字的新位置，是左对齐的，如图6-2-42（a）所示。

（2）右（R）：标注文字右对齐，如图6-2-42（b）所示。

（3）中心（C）：标注文字中心对齐，如图6-2-42（c）所示。

（4）默认（H）：标注文字左对齐为默认位置。

（5）角度（A）：标注文字倾斜一定角度，如图6-2-42（d）所示。

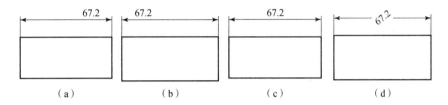

图6-2-42 编辑标注文字示例

（a）左对齐；（b）右对齐；（c）中心对齐；（d）倾斜

三、任务实施

第1步：设置图形界限。

第2步：创建图层。

第3步：设置对象捕捉。

第4步：创建文字样式。

一般创建两个文字样式，一个为汉字，设置字体名为"T 仿宋-GB2312"；另一个为"西文"，设置字体名为"txt. shx"。

第5步：创建标注样式。

创建3个尺寸标注样式：直线尺寸标注样式、半径尺寸标注样式、直径尺寸标注样式。操作方法如下。

1）直线尺寸标注样式

选择【格式】→【标注样式】命令，打开【标注样式管理器】对话框→单击【新建】按钮→弹出【创建标注样式】对话框→输入新样式名"直线样式"→单击【继续】按钮→弹出【创建标注样式】对话框。

在该对话框中进行如下设置。

【线】：将尺寸线【基线间距】设为7，尺寸界线中的【颜色】设为红色，将【超出尺寸】设为2，将【起点偏移量】设为0。其余默认。

【符号和箭头】：将【箭头】均设为实心闭合（用户可根据需要在复选框中选择第一端和第二端的箭头形式），将【箭头大小】设为4。其余默认。

【文字】：将【文字样式】设置为standard，将【文字颜色】设置为红色；将【文字高度】设置为3.5，将【从尺寸线偏移】设置2。

【调整】：此选项卡中，保持系统默认设置。

【主单位】：将【单位格式】设小数，将【精度】设置为0，将【小数分隔符】设置为【"."（句点）】。

设置完以上5个选卡，单击【确定】按钮→单击【关闭】。用户如果对创建的样式不满意，可单击【修改】按钮，重新进行设置。

2）半径尺寸标注样式

创建一个半径尺寸标注样式。其余设置与上同，只在【调整】选项卡的【调整选项】区域中设置【文字和箭头】；在【调整区域】中，勾选【手动放置文字】和【始终在尺寸界线之间绘制尺寸线】。

3）直径尺寸标注样式

创建一个直径尺寸标注样式。其余设置与上同，只在【文字】选项卡的【文字对齐】区域上选 ISO。

第6步：标注。

1）标注线性尺寸

命令: <u>_dimlinear</u>

指定第一条尺寸界线原点或＜选择对象＞：   ＊用鼠标指定第一条尺寸界线原点＊

指定第二条尺寸界线原点：   ＊用鼠标指定第二条尺寸界线原点＊

创建了无关联的标注。   ＊系统自动提示＊

指定尺寸线位置或[多行文字(M)/文字(T)/角度(A)/水平(H)/垂直(V)/旋转(R)]：

＊用鼠标指定尺寸线位置＊

标注文字 =16   ＊系统自动提示所标注直线段的长度＊

用同样的方法，按照逆时针方向、从里到外依次标注尺寸2、30、11、2.5、20、16、53、26、40、149、5、15。当然，用户也可自己选择标注顺序。

2）标注非圆直径尺寸

在执行线性标注命令后，输入 M→按＜Enter＞键→弹出【文字格式】对话框，蓝色数值是默认的直线段的长度，在蓝色区域前面输入％％C→单击【文字格式】对话框中的【确定】→用光标定位后单击，即标注了 $\phi24$。

用同样的方法，从左到右依次标注 $\phi20$、$\phi17$、M12。

3）标注极限偏差尺寸

在执行【线性标注】命令后，输入 M→按＜Enter＞键→弹出【文字格式】对话框，蓝色数值是默认的直线段的长度，在蓝色区域前面输入％％C，后面输入 +0.012/-0.012→将 +0.012/-0.012 选中→单击【堆叠】→右击上下偏差，弹出【堆叠特性】对话框→选中样式下的【公差】选项→单击【确定】，对话框消失→单击【文字格式】对话框中的【确定】→用光标定位后单击。

用同样的方法，从左到右依次标注 $\phi24$ 的上下偏差。

4）标注形位公差尺寸

在【标注】工具栏中单击【快速引线标注】图标启动快速引出标注命令，绘制形位公差标注引线→在【标注】工具栏中单击【形位公差】图标，在弹出的【形位公差】对话框中单击【符号】→弹出【符号】选择框，选择圆柱度符号→单击公差 1 拾取直径符号"ϕ"，在其文本框中输入 1.2→单击【确定】。完成该项形位公差的标注。

5）标注倒角尺寸

命令:_mleader

指定引线箭头的位置或[引线基线优先(L)/内容优先(C)/选项(O)]:　　 ＊指定位置＊

输入选项[引线类型(L)/引线基线(A)/内容类型(C)/最大节点数(M)/第一个角度(F)/第二个角度(S)/退出选项(X)]:　　　　　　　　　　　 ＊设置参数＊

输入注释文字 < 多行文字(M)>:C1　　　　　　　　　 ＊输入注释文字＊

在文字样式选项卡里选择字体大小为 2.5　　　　　　 ＊输入注释文字高度＊

选中文字，单击【多重引线样式】 ，如图 6 - 2 - 34 所示；单击【修改】，如图 6 - 2 - 35 所示；单击【内容】，如图 6 - 2 - 38 所示；【连接位置】点"第一行加下划线"如图 6 - 2 - 40 所示。

用同样的方法标注 2×2，2×2.5。

第 7 步：查缺补漏，如图 6 - 2 - 43 所示。

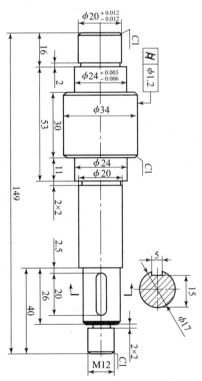

图 6 - 2 - 43　所要标注轴的图样

133

自 测 题

一、思考题

1. 如何创建一个新的尺寸标注样式？

2. 如何对形位公差进行标注？

二、选择题

1. 修改标注样式的设置后，图形中（　　）将自动使用更新后的样式。

A. 当前选择的尺寸标注　　　　　　　　B. 当前图层上的所有标注

C. 使用修改样式的所有标注　　　　　　D. 除了当前选择以外的所有标注

2. 绘制一个线性尺寸标注，必须（　　）。

A. 确定尺寸线的位置　　　　　　　　　B. 确定第二条尺寸界线的原点

C. 确定第一条尺寸界线的原点　　　　　D. 以上都需要

3. 若尺寸的公差是 18±0.021，则应该在"公差"页面中，显示（　　）设置。

A. 极限偏差　　　　　　　　　　　　　B. 对称

C. 极限尺寸　　　　　　　　　　　　　D. 基本尺寸

4. 工程图样上所有的国家标注大字样矢量字体文件是（　　）。

A. isoct. shx　　　　　　　　　　　　B. gothice. shx

C. gdt. shx　　　　　　　　　　　　　D. gbcbig. shx

三、上机题

1. 标注图 6 – 2 – 44 ~ 图 6 – 2 – 49 所示图形的尺寸。

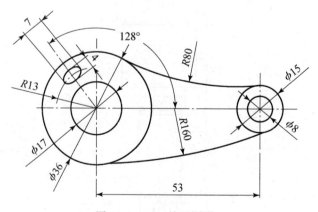

图 6 – 2 – 44　练习图形 1

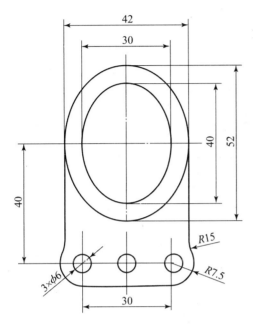

图 6 - 2 - 45 练习图形 2

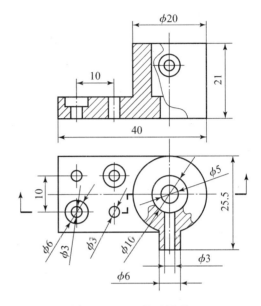

图 6 - 2 - 46 练习图形 3

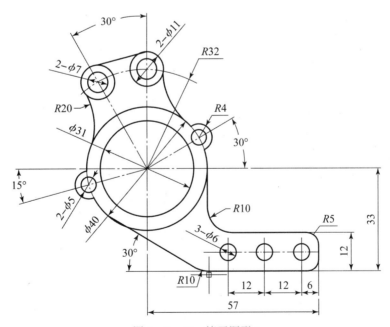

图 6 - 2 - 47 练习图形 4

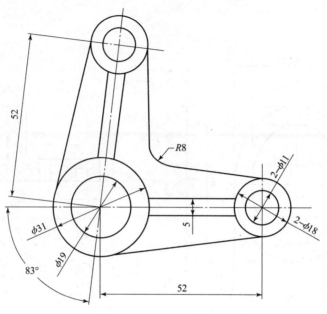

图 6 – 2 – 48　练习图形 5

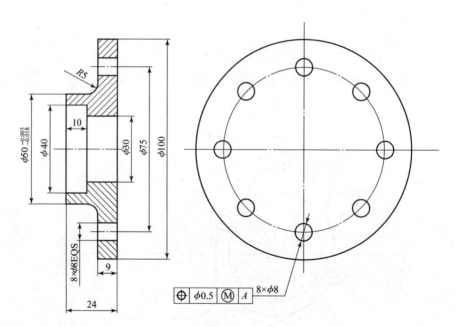

图 6 – 2 – 49　练习图形 6

小　结

　　本任务主要介绍了 AutoCAD 2020 尺寸标注的各种方法，内容包括线性标注、角度标注、直径标注、基准标注、连续标注、公差标注等，并对尺寸样式作了详细的介绍。用户可通过练习尽快地熟悉和掌握各项功能。

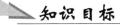

知识目标

1. 了解块的概念、分类及特点。
2. 掌握内部块的创建、插入方法。
3. 掌握块属性的设置方法。
4. 掌握块的编辑方法。

能力目标

具备创建、插入、编辑内部块的能力。

一、工作任务

标注如图 6-3-1 所示阶梯轴的表面粗糙度，绘制图形，定义块属性，创建块，插入块，完成表面粗糙度的标注。

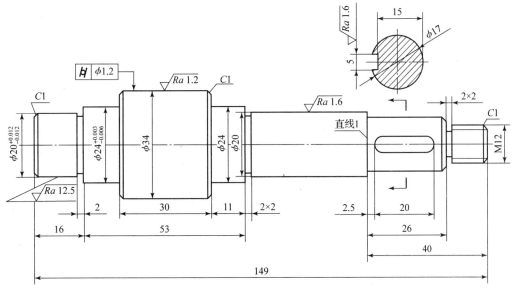

图 6-3-1 所要标注粗糙度的阶梯轴

二、相关知识

(一) 块的基础知识

1. 概念

在绘制图形时，如果图形中有大量相同或相似的内容，或者所绘制的图形与已有的图形文件相同，则可以把要重复绘制的图形创建成块，也称为图块。根据需要为块创建属性（指定块的名称、用途及设计者等信息），在使用块时直接插入属性，可以提高绘图效率。每个块都包括块名、图形对象、插入块时的基点坐标和相关的属性数据等要素。

2. 块的分类

在 AutoCAD 2020 中，块分为内部块和外部块两种。

内部块跟随图形文件一起保存在图形文件的内部，它只能在定义的图形文件中使用。

外部块也称为写块（本项目任务四中将详细讲解），可以设置相应的路径以独立的文件形式保存在计算机中。外部块可以根据用户的需要随时在其他的图形文件中使用。

3. 块的特点

块主要具有以下特点：

（1）提高绘图速度；

（2）节省存储空间；

（3）便于修改图形；

（4）可以添加属性。

（二）内部块的创建

1. 功能

可以将一个或多个图形对象定义为新的单个对象，并保存到当前图形文件中，如图 6 - 3 - 2 所示，前者有多个对象，后者是一个对象。

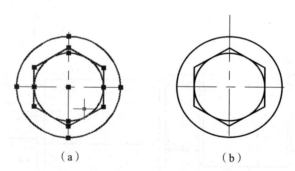

（a）　　　　　　　　　　　（b）

图 6 - 3 - 2　创建为块前与创建块后的比较

（a）创建为块前；（b）创建为块后

2. 调用命令的方法

（1）绘图工具栏：单击【创建块】按钮。

（2）命令行：输入 BLOCK 或 B，按 < Enter > 键。

（3）菜单栏：单击【绘图】→【块】→【创建】。

3. 操作步骤

使用上述任何一种方法调用该命令，都会弹出如图 6 - 3 - 3 所示的对话框，通过设置该对话框各参数可以将已绘制的对象创建为块。

图 6-3-3 【块定义】对话框

4. 对话框中的有关说明及提示

（1）名称：在文本框中输入块的名称，如"粗糙度"。

（2）选择对象：单击此按钮，用来选择组成块的对象。

（3）拾取点：单击此按钮，可以在绘图区域中使用鼠标指定插入基点的位置。另外，用户可以直接在 X、Y、Z 文本框中插入点的坐标值。

（4）保留：将创建成块的原始对象保留在绘图区域中，且是一组零散的图形。

（5）转换为块：将创建成块的对象转换为块。

（6）删除：创建成块后删除转换为块的原对象。

（7）注释性：可以使当前创建的块具有注释功能。

提示：

（1）如果没有选择插入点，系统将默认坐标原点为插入点。这样在插入块的时候，不容易确定插入点。

（2）创建块必须要有块名，并且名称要尽可能表达这个块的用途。

（三）块的插入

1. 功能

在图形中插入块或其他图形，并且在插入块的同时还可以改变所插入块或图形的比例与旋转角度。

2. 调用命令的方法

（1）绘图工具栏：单击【插入块】 按钮。

（2）命令行：输入 INSERT，按 < Enter > 键。

3. 操作步骤

使用上述任何一种方法调用该命令，都会弹出如图6-3-4所示的"插入块"对话框。

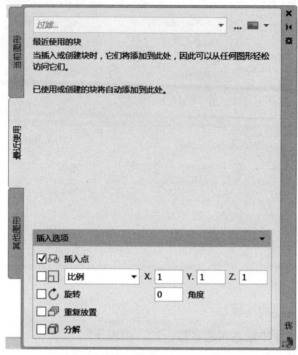

图6-3-4 【插入块】对话框

4. 对话框中的有关说明及提示

（1）名称：在文本框中指定要插入块的名称，或者指定要作为块插入的文件名。

（2）插入点：单击此按钮，用于指定块的插入点。

（3）比例：指定插入块的比例。另外，用户可以直接在 X、Y、Z 文本框中输入块在3个方向的比例。统一比例：用于确定所插入的块在 X、Y、Z 的比例值是统一的。

（4）旋转：指定插入块的旋转角度。

（5）重复放置：可以放置多个块。

（6）分解：可以将插入的块分解为独立的对象。

（四）块属性的建立

1. 功能

创建属性定义，定义属性模式、属性标识、属性提示、属性值、插入点、属性的文字选项。

2. 调用命令的方法

（1）命令行：输入 ATTDEF，按 < Enter > 键。

（2）菜单栏：单击【绘图】→【块】→【属性定义】。

3. 操作步骤

使用上述任何一种方法调用该命令，都会弹出如图6-3-5所示的【属性定义】对话框，根据要求设置。

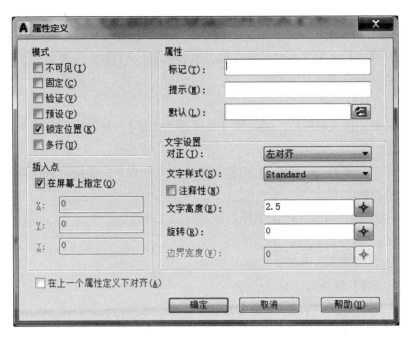

图 6-3-5 【属性定义】对话框

4. 对话框中的有关说明及提示

(1)【模式】选项组。

在图形中插入块时，设定与块关联的属性值选项。默认值存储在 AFLAGS 系统变量中。更改 AFLAGS 设置将影响新属性定义的默认模式，但不会影响现有属性定义。

①【不可见】：指定插入块时不显示或打印属性值。ATTDISP 命令将替代【不可见】模式。

②【固定】：在插入块时指定属性的固定属性值。此设置用于永远不会更改的信息。

③【验证】：插入块时提示验证属性值是否正确。

④【预设】：插入块时，将属性设置为其默认值而无须显示提示。仅在提示将属性值设置为在【命令】提示下显示（ATTDIA 设置为 0）时，应用【预设】选项。

⑤【锁定位置】：锁定块参照中属性的位置。解锁后，属性可以相对于使用夹点编辑的块的其他部分移动，并且可以调整多行文字属性的大小。

⑥【多行】：指定属性值可以包含多行文字，并且允许您指定属性的边界宽度。

(2)【属性】选项组。

设定属性数据。

①【标记】：指定用来标识属性的名称。使用任何字符组合（空格除外）输入属性标记。小写字母会自动转换为大写字母。

②【提示】：指定在插入包含该属性定义的块时显示的提示。

如果不输入提示，属性标记将用作提示。如果在【模式】区域选择【常数】模式，【属性提示】选项将不可用。

③【默认】：指定默认属性值。【插入字段】按钮：显示【字段】对话框，可以在其中插入一个字段作为属性的全部或部分的值。【多行编辑器】按钮：选定【多行】模式后，将显示具有【文字格式】工具栏和标尺的在位文字编辑器。ATTIPE 系统变量控制显示的【文字格式】工具栏为缩略版还是完整版。

（3）【插入点】选项组。

指定属性位置。输入坐标值，或选择【在屏幕上指定】，并使用定点设备来指定属性相对于其他对象的位置。

①【在屏幕上指定】：关闭对话框后将显示【起点】提示。使用定点设备来指定属性相对于其他对象的位置。

②【X】：指定属性插入点的 X 坐标。

③【Y】：指定属性插入点的 Y 坐标。

④【Z】：指定属性插入点的 Z 坐标。

（4）【文字设置】选项组。

设定属性文字的对正、样式、高度和旋转。

①【对正】：指定属性文字的对正。

②【文字样式】：指定属性文字的预定义样式。显示当前加载的文字样式。

③【注释性】：指定属性为注释性。如果块是注释性的，则属性将与块的方向相匹配。

④【文字高度】：指定属性文字的高度。输入值，或选择【高度】用定点设备指定高度。此高度为从原点到指定的位置的测量值。如果选择有固定高度（任何非 0.0 值）的文字样式，或者在【对正】列表中选择了【对齐】，则【高度】选项不可用。

⑤【旋转】：指定属性文字的旋转角度。输入值，或选择【旋转】用定点设备指定旋转角度。此旋转角度为从原点到指定的位置的测量值。如果在【对正】列表中选择了【对齐】或【调整】，【旋转】选项不可用。

⑥【边界宽度】：换行至下一行前，指定多行文字属性中一行文字的最大长度。值 0.000 表示对文字行的长度没有限制。

此选项不适用于单行属性。

（5）【在上一个属性定义下对齐】复选按钮。

将属性标记直接置于之前定义的属性的下面。如果之前没有创建属性定义，则此选项不可用。

（6）固定：在插入块时赋予属性的固定值。

（7）验证：在插入块时提示验证属性值是否正确。

（8）预设：插入包含预置属性值的块时，将属性设置为默认值。

（9）锁定位置：锁定块参照中属性的位置。

（五）块属性的编辑

1. 编辑修改属性

选择【修改】→【对象】→【文字】→【编辑】，或双击块属性，打开如图 6 - 3 - 6 所示的

【增强属性编辑器】对话框。在【属性】选项卡的列表中选择文字属性，然后在下面的文本框中可以编辑块中定义的标记和值属性。

图 6 - 3 - 6 【增强属性编辑器】对话框

2. 块属性管理器

选择【修改】→【对象】→【属性】→【对象块属性管理器】，或在【修改Ⅱ】工具栏中单击【块属性管理器】按钮，打开如图 6 - 3 - 7 所示【块属性管理器】对话框，可在其中管理块中的属性。

图 6 - 3 - 7 【块属性管理器】对话框

（六）分解

1. 功能

把块、面域分解成组成该块的各实体，把多段线分解成组成该多段线的直线或圆弧，把一个尺寸标注分解成线段、箭头和文本，把一个图案填充分解成一个个的线条。

2. 调用命令的方法

（1）修改工具条：单击 ⬜ 按钮。

（2）命令行：输入 Explode，按 < Enter > 键。

（3）菜单栏：单击【修改】→【分解】。

3．操作步骤

调用上述任何一个命令，命令行中会出现：

命令：_Explode

选择对象：　　　　　　　　　　　　　　　　　　　　　*选择要分解的对象*

选择对象：　　　　　　　　　　　　　　　　　　*按＜Enter＞键，结束选择*

（七）设置插入基点

选择【绘图】→【块】→【基点】命令，可以设置当前图形的插入基点。

当把某一图形文件作为块插入时，系统默认将该图的坐标原点作为插入点，这样往往会给绘图带来不便。这时，就可以使用【基点】命令为图形文件指定新的插入基点。

执行该命令时，可以直接在"输入基点："提示下指定作为块插入基点的坐标。

（八）块与图层的关系

块可以由绘制在若干图层上的对象组成，系统可以将图层的信息保留在块中。当插入这样的块时，AutoCAD有如下约定。

块插入后原来位于图层上的对象被绘制在当前层上，并按当前层的颜色与线型绘出。对于块中其他图层上的对象，若块中有与图形中图层同名的层，块中该层上的对象仍绘制在图中的同名层上，并按该层的颜色与线型绘制。块中其他图层上的对象仍在原来的层上绘出，并给当前图形增加相应的图层。

如果插入的块由多个位于不同图层上的对象组成，那么冻结某一对象所在的图层后，此图层上属于块上的对象就会变得不可见。当冻结插入块后的当前层时，不管块中各对象处于哪一图层，整个块均变得不可见。

三、任务实施

第1步：设置图形界限。

第2步：创建图层。

第3步：设置对象捕捉。

第4步：将表面粗糙度创建为内部块，插入到图形中，标注表面粗糙度。

1）绘制表面粗糙度符号

当尺寸数字高度为5时，表面粗糙度符号各部分的尺寸如图6-3-8（a）所示。

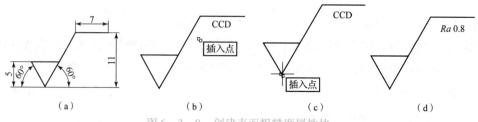

图6-3-8　创建表面粗糙度属性块

（a）表面粗糙度尺寸；（b）定义对齐点；（c）定义插入点；（d）创建的表面粗糙度符

2）定义属性

选择【绘图】→【块】→【属性定义】，设置好属性，如图 6 - 3 - 9 所示。单击【确定】按钮，返回绘图区，在表面粗糙度符号水平线的下方，如图 6 - 3 - 8（b）所示位置单击，确定属性的位置。

图 6 - 3 - 9 【属性定义】对话框

3）创建表面粗糙度符号的内部块

在命令行中输入 BLOCK，按 < Enter > 键，弹出【块定义】对话框，填写名称为【粗糙度】→单击基点选项区的【拾取点】按钮，对话框消失，返回绘图区，拾取如图 6 - 3 - 8（c）所示表面粗糙度符号尖端处，作为块插入时的基点，【块定义】对话框重新出现→单击【选择对象】按钮，将表面粗糙度符号连同定义的属性一起选中，在预览区出现预览→此时单击【确定】。如图 6 - 3 - 8（d）所示。

4）插入块

单击绘图工具栏上的【块定义】，出现对如图 6 - 3 - 3 所示的对话框，单击"确定"按钮，此时鼠标的光标变成粗糙度代号，插入即可。

5）编辑属性

插入好表面粗糙度后，有些数值、文字大小需要修改。

具体操作步骤如下：双击块属性，出现如图 6 - 3 - 6 所示的对话框，在【属性】选项卡中，将数值 1.2 修改为 12.5 即可。

标注完成后的效果如图 6 - 3 - 1 所示。

自　测　题

一、思考题

1. 如何创建块？块定义的三要素是什么？

2. 块属性具有哪些特点？

3. 插入块时，如何改变块的方向、改变块的比例？

二、选择题

1. 以下选项中块与文件的关系正确的是（　　　）。

A. 块一定以文件的形式存在

B. 图形文件一定是块

C. 块与图形文件没有区别

D. 块与图形文件都可以插入当前的图形文件

2. 块是（　　　）。

A. 简单的对象　　　　　　　　　　B. 一个或多个图形形成的对象集合

C. 属性　　　　　　　　　　　　　D. 图形

3. 带属性的块分解后，属性显示为（　　　）。

A. 没有变化　　　　　　B. 提示　　　　　　C. 不显示　　　　　　D. 标记

三、上机题

1. 绘制图 6 - 3 - 10 所示的图形，并将其定义成 4 个图块 B1、B2、B3、B4。

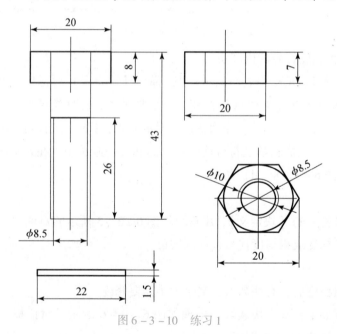

图 6 - 3 - 10　练习 1

2. 将图 6 - 3 - 11 所示的国家最新标注表面结构（表面粗糙度）符号创建为内部块。

图 6 - 3 - 11　练习 2

3. 标注正十二棱柱的十二个侧面的表面粗糙度，如图 6 - 3 - 12 所示。

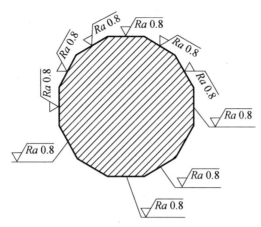

图 6 – 3 – 12　表面粗糙度的标注样例

小　　结

本任务主要介绍了块的创建与插入、块的编辑、属性的定义与编辑。用户通过对块和属性的灵活使用，可以提高绘图速度。

任务四　写块的创建和插入

◤ 知识目标

1. 掌握写块（外部块）的创建方法。
2. 掌握写块（外部块）的插入方法。
3. 掌握块的存储方法。
4. 理解外部参照的相关知识。
5. 了解 CAD 设计中心。

◤ 能力目标

具备创建、保存、插入、编辑外部块的能力。

一、工作任务

创建标题栏写块，如图 6 – 4 – 1 所示，绘制块的图形，定义属性，创建写块，保存写块，根据保存路径找到此写块并插入。

(零件名称)		比例	(数值)	材料	(名称)
		数量	(数值)	图号	(数据)
制图	(姓名)	(日期)	××学院		
审核	(姓名)	(日期)			

图 6 - 4 - 1 创建标题栏写块样例

任务要求:

(1) 标题栏(括号内文字为属性)制作成带属性的写块,其样式如图 6 - 4 - 1 所示,其中"零件名称""××学院"字高为 3.5,其余字高为 2;

(2) 存外部块,路径为:D:/CAD 图/写块标题栏 . dwg。

二、相关知识

(一) 写块的创建

1. 功能

利用创建写块可以将当前图形中的块或图形对象保存为独立的 AutoCAD 图形文件,以便在其他图形文件中调用。

2. 调用命令的方法

命令行:输入 WBLOCK 或 W,按 < Enter > 键。

3. 操作步骤

使用上述任何一种方法调用该命令,都会弹出如图 6 - 4 - 2 所示的对话框,通过设置该对话框各参数可以进行外部块的创建。

图 6 - 4 - 2 【写块】对话框

4. 对话框中的有关说明及提示

在【源】选项组：

（1）【块】下拉列表框：用于选择现有的内部块来创建外部块。

（2）【整个图形】单选按钮：用于选择当前整个图形来创建外部块。

（3）【对象】单选按钮：用于从屏幕上选择对象并指定插入点来创建外部块。

在【对象】选项组：

（1）【保留】单选按钮：用于将创建成块的原始对象保留在绘图区域中，且是一组零散的图形。

（2）【转换为块】单选按钮：用于将创建成块的对象转换为块。

（3）【从图形中删除】单选按钮：用于创建成块后删除转换为块的原对象。

在【目标】选项组：

选择保存路径保存。

（二）写块的插入

1. 功能

在图形中插入块或其他图形，并且在插入块的同时还可以改变所插入块或图形的比例与旋转角度。

2. 调用命令的方法

（1）绘图工具栏：单击【插入块】 按钮。

（2）命令行：输入 INSERT，按＜Enter＞键。

3. 操作步骤

使用上述任何一种方法调用该命令，都会弹出如图 6 - 4 - 3 所示的【插入】对话框。

4. 对话框中的有关说明及提示

（1）名称：在下拉列表框中指定要插入块的名称，或者指定要作为块插入的文件名。

（2）插入点：单击此按钮，用于指定块的插入点。

（3）比例：指定插入块的比例。另外，用户可以直接在 X、Y、Z 文本框中输入块在 3 个方向的比例。统一比例：用于确定所插入的块在 X、Y、Z 的比例值是统一的。

（4）旋转：指定插入块的旋转角度。

（5）重复放置：可以放置多个块。

（6）分解：可以将插入的块分解为独立的对象。

（三）块的存储

在 AutoCAD 2020 中，使用 WBLOCK 命令可以将块以文件的形式写入软盘。执行 WBLOCK 命令将打开【写块】对话框，在【目标】区域单击【文件名和路径】后边的框，出现如图 6 - 4 - 4 所示的对话框，用户按一定的路径保存即可。

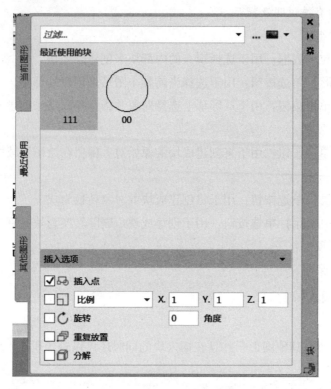

图 6 - 4 - 3 【插入】对话框

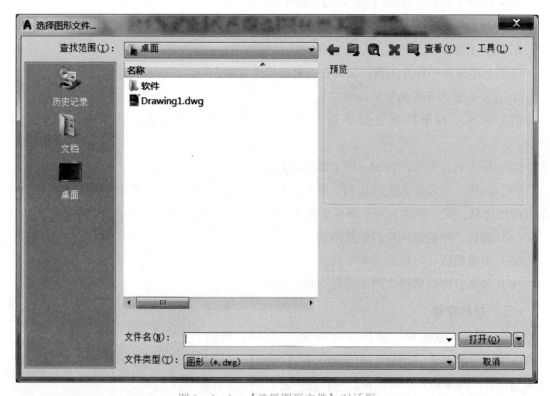

图 6 - 4 - 4 【选择图形文件】对话框

（四）外部参照和设计中心

当然，用户也可以把已有的图形文件以参照的形式插入到当前图形中（即外部参照），或是通过 AutoCAD 设计中心浏览、查找、预览、使用和管理 AutoCAD 图形、块、外部参照等不同的资源文件。

1. 使用外部参照

外部参照与块相似，它们的主要区别是：一旦插入了块，该块就永久性地插入到当前图形中，成为当前图形的一部分；而以外部参照方式将图形插入到某一图形（称之为主图形）后，被插入图形文件的信息并不直接加入主图形中，主图形只是记录参照的关系。例如，参照图形文件的路径等信息。另外，对主图形的操作不会改变外部参照图形文件的内容。当打开具有外部参照的图形时，系统会自动把各外部参照图形文件重新调入内存并在当前图形中显示出来。

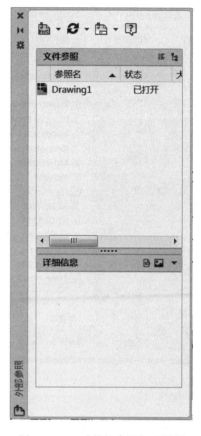

图 6 - 4 - 5 【外部参照】对话框

2. 附着外部参照

选择【插入】→【外部参照】，将打开【外部参照】对话框，如图 6 - 4 - 5 所示。

单击【附着 DWG】按钮或在【参照】工具栏中单击【附着外部参照】按钮，都可以打开【选择参照文件】对话框，如图 6 - 4 - 6 所示。选择参照文件后，将打开【外部参照】对话框，利用该对话框可以将图形文件以外部参照的形式插入到当前图形中。

3. 插入 DWG、DWF、DGN、PDF 参考底图

在 AutoCAD 2020 中新增了插入 DWG、DWF、DGN、PDF 参考底图的功能，该类功能和附着外部参照功能相同，用户可以在【插入】菜单中选择相关命令。

4. 管理外部参照

在 AutoCAD 2020 中，用户可以在"外部参照"对话框板中对外部参照进行编辑和管理。用户单击【附着】按钮可以添加不同格式的外部参照文件；在外部参照列表框中显示当前图形中各个外部参照文件名称；选择任意一个外部参照文件后，在【详细信息】选项组中显示该外部参照的名称、加载状态、文件大小、参照类型、参照日期及参照文件的存储路径等内容。

5. 参照管理器

Autodesk 参照管理器提供了多种工具，列出了选定图形中的参照文件，可以修改保存的参照路径而不必打开 AutoCAD 中的图形文件。单击【开始】→【所有程序】→【Autodesk】→【AutoCAD 2020】→【参照管理器】，即可打开【参照管理器】对话框，如图 6 - 4 - 7 所示。可以在其中对参照文件进行处理，也可以设置参照管理器的显示形式。

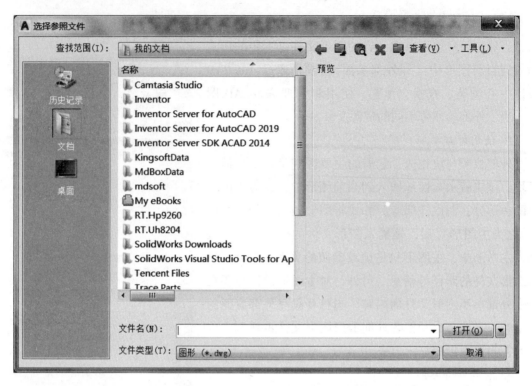

图 6 - 4 - 6 【选择参照文件】对话框

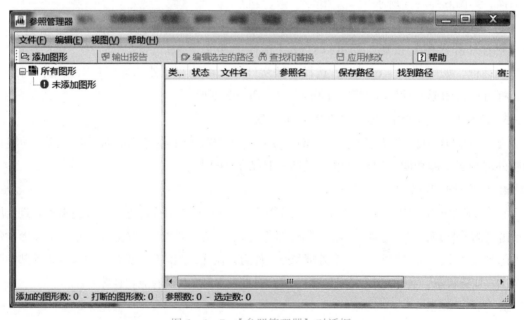

图 6 - 4 - 7 【参照管理器】对话框

（五）AutoCAD 设计中心

单击【工具】→【选项板】→【设计中心】，或在【标准】工具栏中单击【设计中心】 ▦ 按钮，可以打开【设计中心】窗口，如图 6 - 4 - 8 所示。

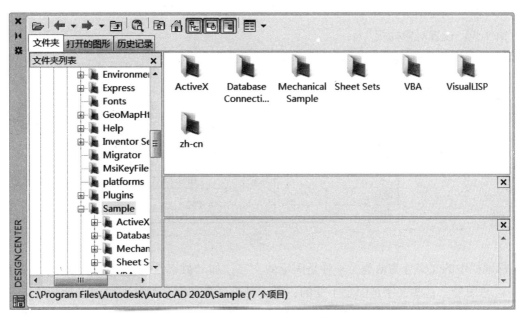

图 6-4-8 【设计中心】窗口

1. AutoCAD 设计中心的功能

在 AutoCAD 2020 中，可以使用 AutoCAD 设计中心完成如下操作。

（1）创建对频繁访问的图形、文件夹和 Web 站点的快捷方式。

（2）根据不同的查询条件在本地计算机和网络上查找图形文件，找到后可以将它们直接加载到绘图区或设计中心。

（3）浏览不同的图形文件，包括当前打开的图形和 Web 站点上的图形库。

（4）查看块、图层和其他图形文件的定义并将这些图形定义插入到当前图形文件中。

（5）通过控制显示方式来控制设计中心控制板的显示效果，还可以在控制板中显示与图形文件相关的描述信息和预览图像。

2. 观察图形信息

在【设计中心】窗口中，可以使用【工具栏】和【选项卡】来选择和观察设计中心中的图形。

3. 在【设计中心】中查找内容

使用 AutoCAD 设计中心的查找功能，可通过【搜索】对话框快速查找图形、块、图层及尺寸样式等图形内容或设置。

4. 使用设计中心的图形

使用 AutoCAD 设计中心，可以方便地在当前图形中插入块，引用光栅图像及外部参照，在图形之间复制块、复制图层、线型、文字样式、标注样式以及用户定义的内容等。

三、任务实施

第1步：设置图形界限。

第2步：创建图层。

第3步：设置对象捕捉。

第4步：将标题栏创建为写部块，具体步骤如下。

1）绘制标题栏

绘制标题栏（步骤省略），将固定文字填写完整，如图6-4-9所示。其中，"××学院"字高为3.5，其余字高为2。

	比例		材料	
	数量		图号	
制图			××学院	
审核				

图6-4-9 绘制标题栏填写固定文字

标题栏中的文字分为两类，一种是固定的文字，如"姓名""审核""比例""数量""材料""图号"这些文字是固定不变的；另一种是可变文字，如标题栏中带括号的文字都是变量，随着图形、绘图者、绘图日期等会发生变化。

2）定义属性（将括号内的全部定义为属性）

（1）选择【绘图】→【块】→【属性定义】，弹出对话框，设置对话框的参数如图6-4-10（a）所示。单击"确定"按钮，返回绘图区，在标题栏左上方单元格中单击，如图6-4-11（a）所示。

（2）选择【绘图】→【块】→【属性定义】，弹出对话框，设置对话框的参数如图6-4-10（b）所示。单击"确定"按钮，返回绘图区，在标题栏"姓名"后的单元格中单击，如图6-4-11（b）所示。

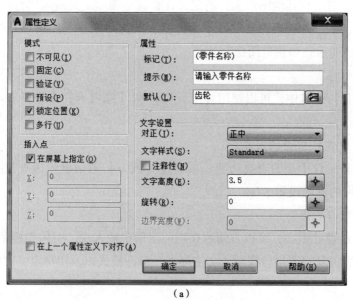

（a）

图6-4-10 【属性定义】对话框

（a）定义1

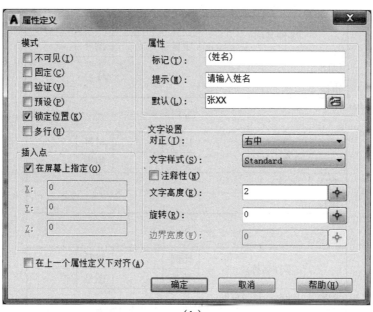

（b）

（c）

图6-4-10 【属性定义】对话框（续）

（b）定义2；（c）定义3

（3）选择【绘图】→【块】→【属性定义】，弹出对话框，设置对话框的参数如图6-4-10（c）所示。单击"确定"按钮，返回绘图区，在标题栏左上方单元格中单击，如图6-4-11（c）所示。

其余变量文字定义其属性的方法如上所述，只是在设置【属性定义】对话框时，设置的参数有些变化，请读者自己操作。

此步操作的最后图形如图6-4-11所示。

(零件名称)		比例		材料	
		数量		图号	
制图			××学院		
审核					

（a）

(零件名称)		比例		材料	
		数量		图号	
制图	(姓名)		××学院		
审核					

（b）

(零件名称)		比例		材料	
		数量		图号	
制图	(姓名)	(日期)	××学院		
审核					

（c）

(零件名称)		比例	(数值)	材料	(名称)
		数量	(数值)	图号	(数据)
制图	(姓名)	(日期)	××学院		
审核	(姓名)	(日期)			

（d）

图 6 - 4 - 11　定义后的标题栏

（a）定义1；（b）定义2；（c）定义3；（d）最终效果

3）创建标题栏的外部块

（1）在命令行中输入 WBLOCK，按 < Enter > 键，弹出图 6 - 4 - 12 所示的"写块"对话框。

（2）单击【基点】选项组的【拾取点】按钮，对话框消失，返回绘图区，单击标题栏右下角点（作为块插入时的基点），图 6 - 4 - 12 的对话框重新出现。

（3）单击【选择对象】按钮，对话框消失，返回绘图区，将整个标题栏连同定义的属性一起选中，按 < Enter > 键表示选择对象的结束，图 6 - 4 - 12 所示的对话框再次出现。在【对象】选项组选中【转化为块】。

4）保存写块

在【目标】区域，单击【文件名和路径】文本框右边的文本框，此时弹出图 6 - 4 - 13 所示的【选择图形文件】对话框，选择指定的路径(D:\CAD 图\文件名为新块标题栏.dwg)，输入指定的名称【新块标题栏】，单击【保存】后重新出现图 6 - 4 - 12 所示对话框，单击【确定】。

图6-4-12 【写块】对话框

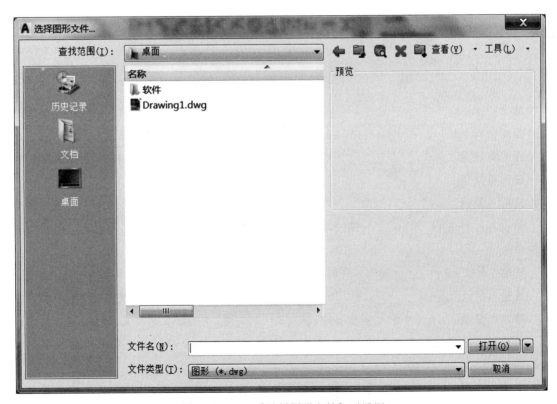

图6-4-13 【选择图形文件】对话框

5）插入块

单击绘图工具栏上的【插入块】，出现对如图6-4-14所示的【插入块】对话框。单击【浏览】按钮，找到所要插入的新标题栏块，单击【打开】按钮，图6-4-14所示的对话框重新出现，单击【确定】，命令行中提示如下。

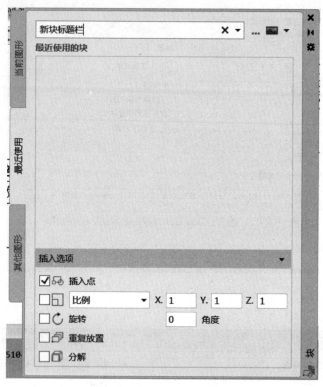

图6-4-14 【插入块】对话框

命令: _insert
指定插入点或[基点(B)/比例(S)/旋转(R)]: ＊指定边框的右下角为基点＊
指定旋转角度<0>: ＊输入要旋转的角度,按<Enter>键,系统默认为0°＊
输入属性值
请输入数据: ＊输入图号,按<Enter>键＊
请输入材料名称<45>: ＊输入材料名称,按<Enter>键,系统默认为定义属性时输入的值＊
请输入数值<3>: ＊输入零件的数量,按<Enter>键,系统默认为定义属性时输入的值＊
请输入数值<2:1>: ＊输入比例,按<Enter>键,系统默认为定义属性时输入的值＊
请输入日期: ＊输入审核日期,按<Enter>键,系统默认为定义属性时输入的值＊
请输入审核者的姓名<王××>: ＊输入姓名,按<Enter>键,系统默认为定义属性时输入的值＊
请输入日期<2020.3.5>: ＊输入完图日期,按<Enter>键,系统默认为定义属性时输入的值＊
请输入姓名<张××>: ＊输入绘图者的姓名,按<Enter>键,系统默认为定义属性时输入的值＊

请输入零件名称＜齿轮＞：　＊输入零件名称,按＜Enter＞键,系统默认为定义属性时输入的值＊

完成后的标题栏如图6-4-15所示。

			比例	2:1	材料	45
	齿轮		数量	3	图号	
制图	张×××	2020.3.5		××学院		
审核	王×××					

图6-4-15　完成后的标题栏

自 测 题

一、思考题

1. 内部块和外部块的区别是什么?

2. 定义块属性的作用是什么?

二、上机题

将图6-4-16所示的形位公差基准代号创建为外部块,其中h=字高。

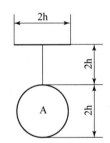

图6-4-16　形位公差基准代号

小 结

本任务主要介绍了外部块的创建与插入、存储等知识。通过使用,可以提高绘图速度,还可以通过块属性的提取,查找块的参数,便于数据的查找。

项目七 零件图的绘制

任务 利用机械样板图绘制轴的零件图

◤ 知识目标

1. 了解样板图的概念。
2. 了解样板图在绘制图形中所起的作用。
3. 了解创建样板图的准则。
4. 了解创建机械样板图的方法和步骤。
5. 掌握样板文件的调用方法。
6. 掌握绘制标准零件图样的基本步骤及技巧。

◤ 能力目标

具备利用自创建样板图（符合我国机械标准的样板图）正确、快速地绘制轴类、箱体类、叉架类、轮盘类零件图的能力。

一、工作任务

绘制如图 7-1-1 所示的轴的零件图，根据需要创建用户自己的样板图，包括标题栏、表面粗糙度等一些常见的要素，调用样板图，利用所学相关命令绘制并标注阶梯轴，以提高绘图技能。

二、相关知识

（一）样板图的应用

1. 样板图的概念

样板图作为一张标准图纸，除了需要绘制图形外，还要求设置图纸大小，绘制图框线和

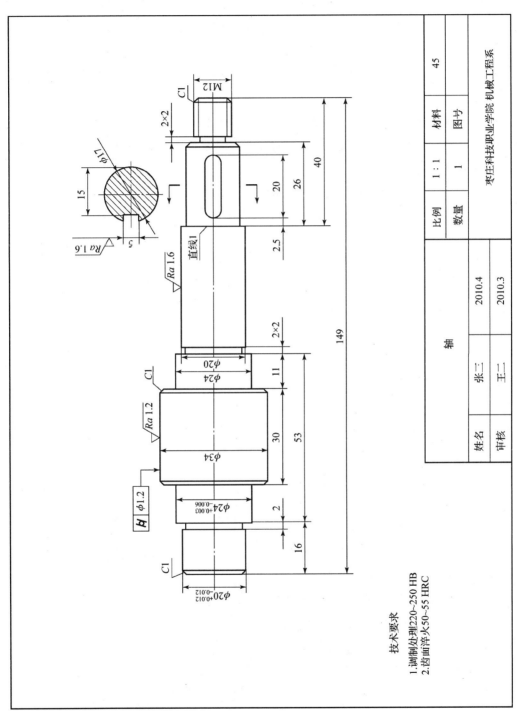

图 7 – 1 – 1　绘制零件样图

标题栏；而对于图形本身，需要设置图层以绘制图形的不同部分，设置不同的线型和线宽表达不同的含义，设置不同的图线颜色以区分图形的不同部分等。这些都是绘制一幅完整图形不可或缺的工作。为方便绘图，提高绘图效率，往往将这些绘制图形的基本作图和通用设置绘制成一张基础图形，进行初步或标准的设置，这种基础图形称为样板图。

2. 样板图在绘制图形中所起的作用

为避免重复操作，提高绘图效率，可以在设置图层、文字样式、尺寸标注样式、图框、标题栏等内容后将其保存为样板图，需要时直接调用即可。

AutoCAD 2020 提供了许多样板文件，但这些样板文件和我国的国家标准不完全符合，所以不同的专业在绘图前都应该建立符合各自专业国家标准的样板图，保证图纸的规范性。

AutoCAD 2020 自带两个样板：

（1）默认英制单位的样板是 Acad.dwt，缺省区域为 12 in ×9 in；

（2）默认公制单位的样板是 Acadiso.dwt。缺省区域为 420 mm ×297 mm。

3. 创建样板图的准则

使用 AutoCAD 绘制零件图的样板图时，必须遵守如下准则：

（1）严格遵守国家标准的有关规定；

（2）使用标准线型；

（3）将捕捉和栅格设置为在操作区操作的尺寸；

（4）按标准的图纸尺寸打印图样。

（二）样板图的创建

1）设置绘图单位和精度

在绘图时，单位制都采用十进制，长度精度一般为小数点后 2 位（也可根据要求设置），角度精度一般为小数点后 1 位（也可根据要求设置）。

设置图形单位和精确度的操作方法如下。

选择【格式】→【单位】命令，打开如图 7 - 1 - 2 所示的【图形单位】对话框。在该对话框【长度】选项组的【类型】下拉列表框中选择【小数】选项，设置【精度】为【0.000 0】；在【角度】选项组的【类型】下拉列表框中选择【十进制度数】选项，设置【精度】为 0；系统默认逆时针方向为正。设置完毕后，单击【确定】按钮。

2）设置图形界限

国家标准对图纸的幅面大小作了严格规定，每一种图纸幅面都有唯一的尺寸。在绘制图形时，设计者应根据图形的大小和复杂

图 7 - 1 - 2 【图形单位】对话框

程度, 选择图纸幅面。

设置图形界限, 其操作方法如下:

可选择【格式】→【图形界限】命令, 命令行中出现

命令:'_limits   *启动命令*

重新设置模型空间界限: *系统提示*

指定左下角点或 [开(ON)/关(OFF)]<0.000 0,0.000 0>:

　　　　　　　　　　　　　　　默认左角点为(0,0),按<Enter>键

指定右上角点 <420.000 0,297.000 0>:

　　　　　　　　　　　　输入右上角点为(420,297),按<Enter>键

设置完图形界限后, 打开【栅格】, 显示图形界限。

3) 设置图层

在绘制图形时, 图层是一个重要的辅助工具, 可以用来管理图形中的不同对象。创建图层一般包括设置层名、颜色、线型和线宽。图层的多少需要根据所绘制图形的复杂程度来确定, 通常对于一些比较简单的图形, 只需分别为辅助线、轮廓线、标注等对象建立图层即可, 一般设置为五层, 如表 7-1-1 所示。

表 7-1-1　图层要求

层名	颜色	线型	线宽	功能
中心线	红色	Center	0.25	画中心线
虚线	黄色	Hidden	0.25	画虚钱
细实线	蓝色	Continuous	0.25	画细实线及尺寸、文字
剖面线	绿色	Continuous	0.25	画剖面线
粗实线	白（黑）色	Continuous	0.50	画轮廓线及边框

4) 设置文字样式

设置文字样式的操作方法如下。

选择【格式】→【文字样式】, 打开如图 7-1-3 所示【文字样式】对话框。单击【新建】按钮, 创建文字样式如下: 一般建立【汉字】【西文】两个文字样式。【汉字】样式选用【长仿宋】, 即【仿宋-GB2312】字体;【西文】样式选用【gbeitc.shx】字体,【宽度因子】为【1.0】。其创建方法已经在项目六任务一中介绍过, 此处不再赘述。

5) 设置尺寸标注样式

设置标注样式的操作方法如下。

选择【格式】→【标注样式】命令, 其要求及参数设置如表 7-1-2 所示, 其创建方法已经在项目六任务二中介绍过, 此处不再赘述。

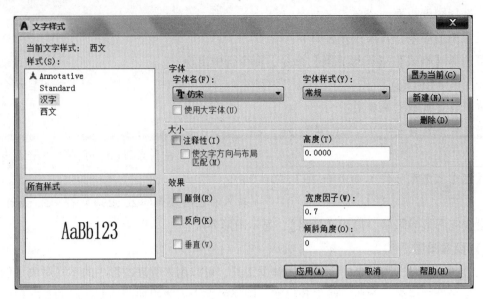

图 7－1－3 【文字样式】对话框

表 7－1－2 建立样式的要求

样式名称	设置要求
（1）机械样式：建立标注的基础样式	将【基线间距】内的数值改为7，【超出尺寸线】内的数值改为2.5，【起点偏移量】内的数值改为0，【箭头大小】内的数值改为3，弧长符号选择【标注文字的上方】，将【文字样式】设置为已经建立的"数字"样式，【文字高度】内的数值改为3.5，其他选用默认选项
（2）角度	建立机械样式的子尺寸，在标注角度的时候，尺寸数字是水平的
（3）非圆直径	在机械样式的基础上，建立将在标注任何尺寸时，尺寸数字前都加注符号 φ 的父尺寸

尺寸标注样式主要用来标注图形中的尺寸，对于不同种类的图形，尺寸标注的要求也不尽相同。通常采用 ISO 标准。

6）绘制图框线（本任务图纸使用要求为：A3 的图纸，横着用，不留装订边）

（1）AutoCAD 绘图时，绘图图限不能直观地显示出来，所以在绘图时还需要通过图框来确定绘图的范围，使所有的图形绘制在图框线之内。图框通常要小于图限，到图限边界要留一定的单位，其具体数值要按国家标准规定，如表 7－1－3 所示。

表 7－1－3 基本幅面尺寸   mm

幅面代号	A0	A1	A2	A3	A4
尺寸 $B \times L$	$841 \times 1\,189$	594×841	420×594	297×420	210×297
a			25		

续表

幅面代号	A0	A1	A2	A3	A4
c	10				5
e	20		10		

（2）图框格式（是否需要装订）：图框是指图纸上限定绘图区域的线框。图框线为粗实线，图 7-1-4 和图 7-1-5 分别为留装订边和不留装订边的效果，X 为横装，Y 为竖装。

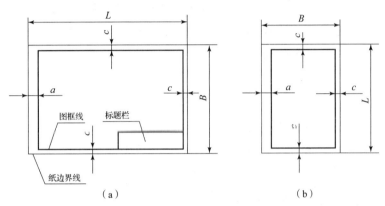

图 7-1-4 图框留装订边

(a) X; (b) Y

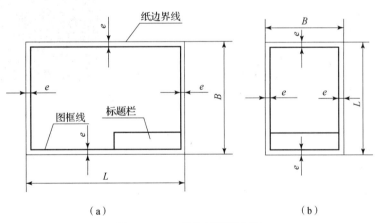

图 7-1-5 图框不留装订边

(a) X; (b) Y

绘制边框，其操作方法如下。

单击【矩形】命令，命令行出现：

命令:_rectang   *启动命令*

指定第一个角点或 [倒角(C)/标高(E)/圆角(F)/厚度(T)/宽度(W)]:10,10

                                                    边框的左下角坐标

指定另一个角点或 [面积(A)/尺寸(D)/旋转(R)]:410,287   *边框的右上角坐标*

7）定义表面粗糙度图块

创建方法已经在项目六任务三中介绍过，此处不再赘述。

8）绘制标题栏，将标题栏定义为写块并将插入到图框右下角

创建方法已经在项目六任务四中介绍过，此处不再赘述。

9）保存样板图

选择【文件】→【另存为】命令，打开【图形另存为】对话框，在【文件类型】下拉列表框中选择【AutoCAD 图形样板（∗.dwt）】选项，在【文件名】文本框中输入文件名称为【机械样板图 A3（横装）】。单击【保存】按钮，将打开【样板说明】对话框，在【说明】选项组中输入对样板图形的描述和说明。此时，就创建好一个标准的 A3 幅面的样板文件，下面的绘图工作都将在此样板的基础上进行。

10）调用样板图

样板图建立后，每次绘图都可以调用样板文件开始绘制新图。

调用的样板图操作方法如下。

选择·【文件】→【新建】命令，弹出如图 7-1-6 所示的对话框。在【名称】下拉列表中选择【机械样板图 A3（横装）】，双击打开即可。

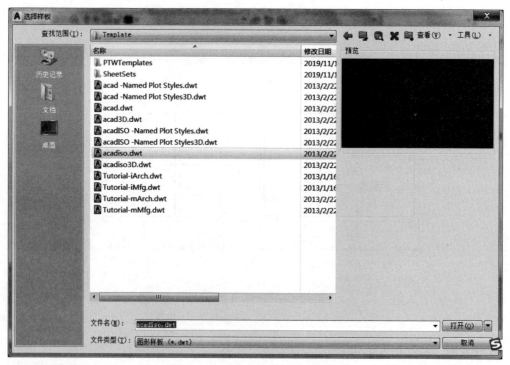

图 7-1-6 【选择样板】对话框

三、任务实施

第一步：图形分析。

在开始绘图前，应先对图形进行必要的分析，本任务所示的零件图主要有以下特点。

（1）轴类零件的主视图一般分为上下对称的图形，因此在绘图时可以先绘制图形的上半部分，再用【镜像】命令绘制另一部分，从而加快绘图速度。

（2）键槽、退刀槽、中心孔等可以利用剖视、剖面、局部视图和局部放大图来表示。

（3）零件图尺寸标注时，应先设置尺寸标注的样式，然后再标注。

（4）技术要求、标题栏等内容书写时，应首先设置文本样式。

第二步：创建样板图。

（1）设置绘图单位和精度。

在绘图时，单位制都采用十进制，长度精度一般为小数点后 1 位，角度精度一般为小数点后 0 位。

（2）设置图形界限。

可选择【格式】→【图形界限】命令，命令行中出现

命令:'_limits   *启动命令*

重新设置模型空间界限：   *系统提示*

指定左下角点或［开(ON)/关(OFF)］<0.000 0,0.000 0>:

　　　　　　　　　　　　　　　　　　　　　默认左角点为(0,0),按<Enter>键

指定右上角点 <420.000 0,297.000 0>:

　　　　　　　　　　　　　　　　输入右上角点为(297,210),按<Enter>键

设置完图形界限后，打开【栅格】，显示图形界限。

（3）设置图层。

一般设置为五层，如表 7-1-1 所示。

（4）设置文字样式。

一般建立【汉字】【西文】两个文字样式。【汉字】样式选用【长仿宋字】，即【仿宋-GB2312】字体；【西文】样式选用 gbeitc. shx 字体，【宽度因子】为【1.0】。

（5）设置尺寸标注样式。

对于不同种类的图形，尺寸标注的要求也不尽相同。

（6）绘制图框线。

单击【矩形】命令，命令行出现：

命令:_rectang   *启动命令*

指定第一个角点或［倒角(C)/标高(E)/圆角(F)/厚度(T)/宽度(W)］:5,5

　　　　　　　　　　　　　　　　　　　　　　　　边框的左下角坐标

指定另一个角点或［面积(A)/尺寸(D)/旋转(R)］:292,205 *边框的右上角坐标*

（7）绘制标题栏并将标题栏定义为属性块，并将标题栏插入到图框右下角。

（8）定义表面粗糙度图块。

（9）保存样板图。

（10）调用样板图。

样板图建立后，每次绘图都可以调用样板文件开始绘制新图。

第三步：开始绘图。

1）绘制中心线、轴端线

（1）将中心图形设置为当前层。

（2）打开正交模式，在图框适当位置，使用【直线】命令绘制一条长度为164的中心线（轴线）。中心线两端要各长于轴5，因此其长度为164。

（3）在距离中心线左端5处，画一条轴的左端线，端线的长度要大于齿轮轴的最大半径。

（4）使用【偏移】命令，将端线右移154，即为齿轮轴的右端线，如图7-1-7所示。

图7-1-7 中心线、轴线

2）绘制轮廓线

（1）利用【偏移】命令，将轴的左端线依次向右偏移14、16、28、58、69，如图7-1-8所示。

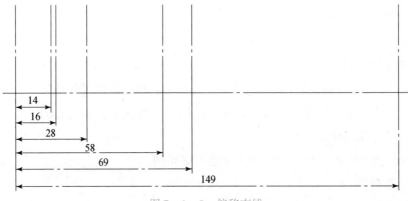

图7-1-8 偏移直线

（2）利用【偏移】命令，将轴的水平中心线依次向上偏移10、9、12、17，如图7-1-9所示。

图7-1-9 偏移轴的中心线

（3）利用工具栏上的【实时缩放】按钮，将图形适当放大，再利用【修剪】【删除】命令，将图形修剪处理，效果如图 7 - 1 - 10 所示。

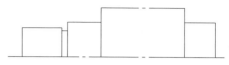

图 7 - 1 - 10 修剪图形

（4）利用【偏移】【修剪】命令，绘制齿轮轴的右边的轮廓，尺寸参照图 7 - 1 - 1。然后选择【图层】工具栏中的【粗实线】层，将线条改为粗实线，效果如图 7 - 1 - 11 所示。

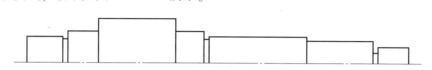

图 7 - 1 - 11 线条改变为粗实线

（5）利用【倒角】命令，对边角进行处理，倒角边分别为 C1，C2。然后利用【镜像】命令，绘制出另一半，如图 7 - 1 - 12 所示。

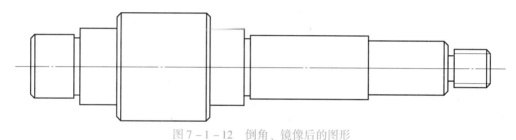

图 7 - 1 - 12 倒角、镜像后的图形

3）绘制键槽

（1）利用工具栏上的【实时缩放】按钮，将图形适当放大，利用【偏移】命令，将直线 1 依次向右偏移 5、20，以这两条线与轴中心线的交点为圆心，绘制直径为 5 的两个圆，如图 7 - 1 - 13 所示。

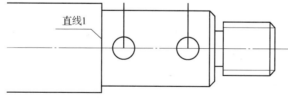

图 7 - 1 - 13 绘制键槽

（2）打开切点捕捉模式，利用【修剪】【删除】命令，将键槽多余的线修剪处理，效果如图 7 - 1 - 14 所示。

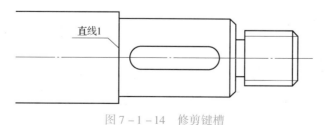

图 7 - 1 - 14 修剪键槽

4）绘制移出断面

（1）利用【多段线】命令，绘制移出断面的剖切符号的上半部分，另一半用【镜像】命令绘制，如图7－1－15所示，其具体步骤在项目四中已详细讲解，此处不再赘述。

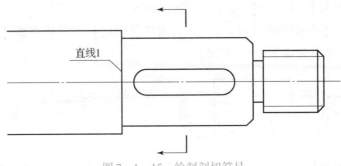

图7－1－15 绘制剖切符号

（2）将中心图形设置为当前层，使用【直线】命令，在剖切符号的上方绘制移出断面的中心线。

（3）使用【偏移】命令，将中心线上下各偏移2.5，左偏移6.5，如图7－1－16所示。

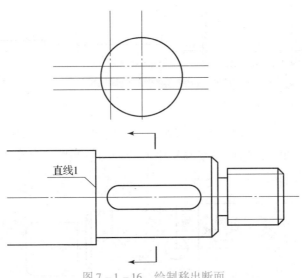

图7－1－16 绘制移出断面

（4）利用【修剪】【删除】命令，将图形修剪处理，然后填充，效果如图7－1－17所示。

第四步：尺寸标注。

（1）先标注基本尺寸。

（2）标注极限偏差。

（3）标注形位公差

（4）标注表面粗糙度，用插入块即可。

▲注意：为了统一数值和符号的方向一致，要创建两个表面粗糙度块，如图7－1－18所示。

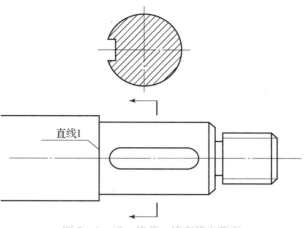

图 7 - 1 - 17　修剪、填充移出断面

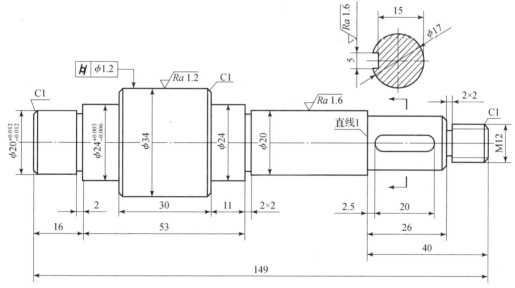

图 7 - 1 - 18　尺寸标注

第五步：文字标注。

将【汉字】文字样式置为当前，调用文字命令书写技术要求。

第六步：保存文件。

自　测　题

一、思考题

创建样板的作用和步骤是什么？

二、上机题

1. 设置绘图界限为 A4、长度单位精度保留 3 位有效数字，角度单位精度保留 1 位有效数字。

2. 按照表7－1－4设置图层、线型。

表7－1－4　建立图层要求

层名	颜色	线型	线宽	功能
中心线	红色	Center	0.25	画中心线
虚线	黄色	Hidden	0.25	画虚线
细实线	蓝色	Continuous	0.25	画细实线及尺寸、文字
剖面线	绿色	Continuous	0.25	画剖面线
粗实线	白（黑）色	Continuous	0.50	画轮廓线及边框

3. 按表7－1－5设置文字样式（不使用大字体）。

表7－1－5　建立文字要求

样式名	字体名	文字宽度系数	文字倾斜角度
数字	Gbeitc.shx	1	0
汉字	Gbenor.shx	1	0

4. 根据图形设置尺寸标注样式。

（1）机械样式：建立标注的基础样式，其设置为：将【基线间距】内的数值改为7，【超出尺寸线】内的数值改为2.5，【起点偏移量】内的数值改为0，【箭头大小】内的数值改为3，弧长符号选择【标注文字的上方】，将【文字样式】设置为已经建立的数字样式，【文字高度】内的数值改为3.5，其他选用默认选项。

（2）角度，其设置为：建立机械样式的子尺寸，在标注角度的时候，尺寸数字是水平的。

（3）非圆直径，其设置为：在机械样式的基础上，建立将在标注任何尺寸时，尺寸数字前都加注符号 ϕ 的父尺寸。

（4）标注一半尺寸。在机械样式的基础上，建立将在标注任何尺寸时，只是显示一半尺寸线和尺寸界线的父尺寸，一般用于半剖图形中。

5. 将标题栏（括号内文字为属性）制作成带属性的图块，其样式如图7－1－19所示，其中"零件名称""工业和信息化部"字高为5，其余字高为3.5。

要求：保存外部块，文件名为"准考证号" + BTL.dwg。

6. 将粗糙度（Ra 数值为属性）符号制作成带属性的图块，其样式如图7－1－19所示，Ra 字高为5，其余字高为3.5。要求：保存外部块，文件名为"准考证号" + CZD.dwg。

7. 根据以上设置建立一个A4样板文件。

要求：保存样板文件。文件名为"准考证号" + A4.dwt。

8. 绘制下列齿轮的零件图，如图7－1－20所示。

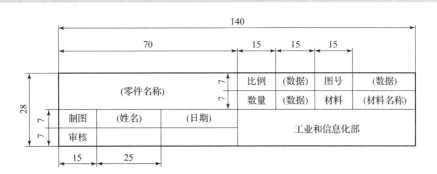

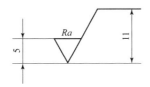

图 7 - 1 - 19 图块示例

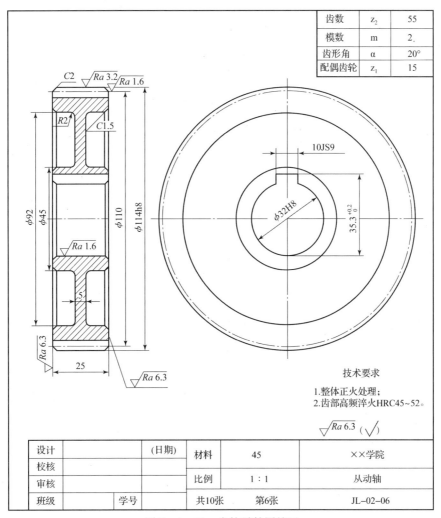

齿数	z_2	55
模数	m	2
齿形角	α	20°
配偶齿轮	z_1	15

技术要求

1.整体正火处理;
2.齿部高频淬火HRC45~52。

设计		(日期)	材料	45	××学院
校核					
审核			比例	1:1	从动轴
班级	学号		共10张	第6张	JL-02-06

图 7 - 1 - 20 齿轮零件图练习

9. 绘制下列叉架的零件图，如图 7 - 1 - 21 所示。

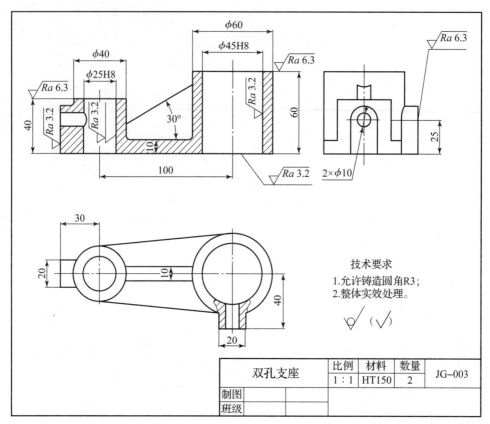

图 7 - 1 - 21 双孔支座图练习

小　结

通过前面的学习，相信读者已对 AutoCAD 绘图有了全面的了解。但由于各知识点相对独立，各有侧重，因此看起来比较零散。项目七通过轴类零件的绘图实例，详细介绍使用 AutoCAD 制作样板图，绘制零件图，进一步系统地介绍了如何综合使用 AutoCAD 的绘制命令、编辑命令、存储和输出图形的方法。以帮助读者建立 AutoCAD 绘图的整体概念，并巩固前面所学的知识，提高实际绘图的能力。

零件通常分为以下 4 类：轴套类、轮盘类、箱体类、叉架类。其中轴套类零件为回转体组合体，结构简单，常与轮配合使用，是比较典型的零件。轴类零件是常见的机械零件之一，它的主要作用是支撑传动件。轴类零件图主要由零件的一组视图、尺寸数据、技术要求、边框和标题栏组成。

项目八　装配图的绘制

任务　绘制铣刀头的装配图

知识目标

1. 掌握装配图的相关知识。

2. 掌握装配图的拼画方法。

3. 掌握表格的使用方法。

能力目标

具备利用 AutoCAD 中的相关命令拼画装配图的能力。

一、工作任务

绘制如图 8 - 1 - 1 所示轴承座的装配图，利用所学 AutoCAD 的相关命令分析并绘制装配图。

二、相关知识

（一）装配图概述

1. 装配图

装配图是表达机器或部件装配关系及整体结构的一种图样，是进行设计、装配、检验、安装、调试和维修时所必需的技术文件。

2. 装配图作用

装配图是装配、使用和维修机械设备及其部件的主要依据。装配图主要用来表示部件的工作原理和装配、连接关系及主要零件的结构、形状。

3. 装配图的内容

（1）一组视图。

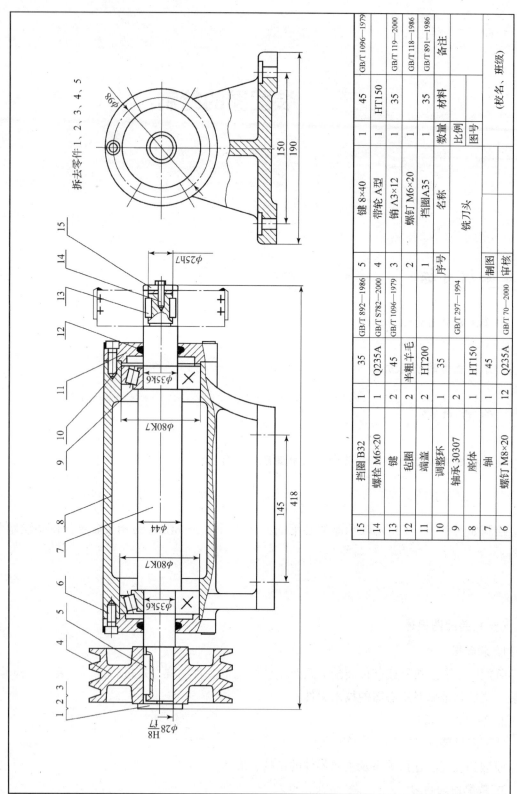

15	挡圈 B32	1	35	GB/T 892—1986		5	键 8×40	1	45	GB/T 1096—1979
14	螺栓 M6×20	1	Q235A	GB/T5782—2000		4	带轮 A 型	1	HT150	
13	键	2	45	GB/T 1096—1979		3	销 A3×12	1	35	GB/T 119—2000
12	毡圈	2	半糯羊毛			2	螺钉 M6×20	1		GB/T 118—1986
11	端盖	2	HT200			1	挡圈 A35	1	35	GB/T 891—1986
10	调整环	1	35			序号	名称	数量	材料	备注
9	轴承 30307	2		GB/T 297—1994			铣刀头	比例		
8	座体	1	HT150					图号		
7	轴	1	45			制图			(校名、班级)	
6	螺钉 M8×20	12	Q235A	GB/T 70—2000		审核				

图 8 - 1 - 1 滑动轴承实物图样例

（2）必要的尺寸。

（3）技术要求。

（4）编号、标题栏和明细表。

4. 标题栏、明细表

绘制装配图时，应根据装配体的大小，在 GB/T 14689—2008 规定的基本幅面中选择图幅。图框线用粗实线绘制。

5. 装配图的绘制

如果用户已经绘制了机器或部件的所有零件图，当需要画一张完整的装配图时，可考虑利用已绘制的零件图来拼画装配图，这样能避免重复劳动，提高工作效率。

对于经常绘制装配图的用户，可将常用零件、部件、标准件和专业符号等做成图库。如将轴承、弹簧、螺钉、螺栓等制作成公用图块库，在绘制装配图时采用块插入的方法插入到装配图中，可提高绘制装配图的效率。

当机器（或部件）的大部分零件图已由 AutoCAD 2020 绘出时，就可以采用 AutoCAD 插入图形文件的方法拼画装配图。

由零件图拼画装配图，一般采取下面的方法和步骤：

（1）将各个零件中必要的图形输出到单个文件中；

（2）将图形文件插入到装配图当中。

（二）表格的应用

1. 表格

在 AutoCAD 2020 中，可以使用【创建表格】命令创建表格，也可以从 Microsoft Excel 中直接复制表格，并将其作为 AutoCAD 表格对象粘贴到图形中，还可以从外部直接导入表格对象。此外，还可以输出来自 AutoCAD 的表格数据，以供在 Microsoft Excel 或其他应用程序中使用。

2. 新建表格样式

表格样式控制一个表格的外观。使用表格样式，可以保证标准的字体、颜色、文本、高度和行距。可以使用默认的、标准的或者自定义的表格样式来满足不同需要，并在必要时重用它们。

在 AutoCAD 2020 中，选择【格式】→【表格样式】命令，打开【表格样式】对话框，如图 8 - 1 - 2 所示。

3. 设置表格的数据、列标题和标题样式

在图 8 - 1 - 2 所示的对话框中，单击【新建】按钮，弹出如图 8 - 1 - 3 所示的【创建新的表格样式】对话框，在此对话框中输入新样式名后单击【继续】，弹出如图 8 - 1 - 4 所示的【新建表格样式：Standard 副本】对话框，可以在【单元样式】选项组的下拉列表框中选择【数据】【标题】和【表头】选项来分别设置表格的数据、标题和表头对应的样式。

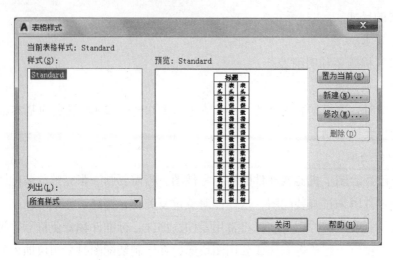

图 8 - 1 - 2 【表格样式】对话框

图 8 - 1 - 3 【创建新的表格样式】对话框

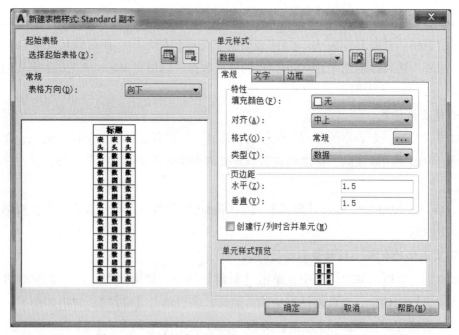

图 8 - 1 - 4 【新建表格样式：Standard 副本】对话框

4. 管理表格样式

在 AutoCAD 2020 中，还可以使用【表格样式】对话框来管理图形中的表格样式。在该对话框的【当前表格样式】后面，显示当前使用的表格样式（默认为 Standard）；在【样式】列表中显示了当前图形所包含的表格样式；在【预览】窗口中显示了选中表格的样式；在【列出】下拉列表中，可以选择【样式】列表是显示图形中的所有样式，还是正在使用的样式。

5. 创建表格

选择【绘图】→【表格】命令，或在"面板"选项板的【表格】选项组中单击【表格】按钮，弹出如图 8-1-5 所示的【插入表格】对话框。

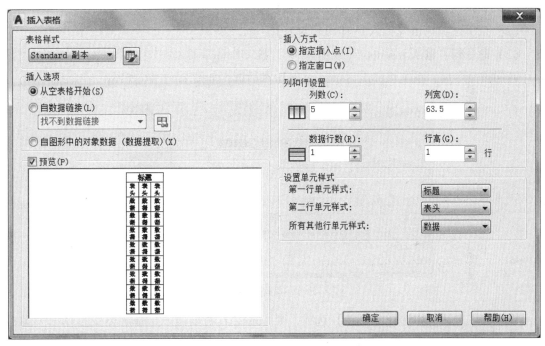

图 8-1-5 【插入表格】对话框

6. 编辑表格和表格单元

在 AutoCAD 2020 中，还可以使用表格的快捷菜单来编辑表格。这里不再详细讲解。

（三）对象链接与嵌入

1. 简介

对象链接与嵌入（OLE，Object Linking and Embedding）是 Microsoft Windows 的一个特性，它可以在多种 Windows 应用程序之间进行数据交换，或组合成一个合成文档。Windows 版本的 AutoCAD 系统同样支持该功能，可以将其他 Windows 应用程序的对象链接或嵌入到 AutoCAD 图形中，或在其他程序中链接或嵌入 AutoCAD 图形。使用 OLE 技术可以在 AutoCAD 中附加任何种类的文件，如文本文件、电子表格，来自光栅或矢量源的图像、动画文件甚至声音文件等。

链接和嵌入都是把信息从一个文档插入另一个文档中，都可在合成文档中编辑源信息。它们的区别在于：如果将一个对象作为链接对象插入到 AutoCAD 中，则该对象仍保留与源对象的关联，当对源对象或链接对象进行编辑时，两者将都发生改变；如果将对象嵌入到 AutoCAD 中，则它不再保留与源对象的关联。当对源对象或链接对象进行编辑时，彼此互不影响。

2. 在 AutoCAD 中插入 OLE 对象

在将剪贴板中的数据粘贴到 AutoCAD 的过程中，如果使用【选择性粘贴】的方式，并在【选择性粘贴】对话框中指定【粘贴链接】时，则剪贴板内容作为链接对象粘贴到当前图形中。除此之外，其他命令都是以嵌入的形式来使用剪贴板中的数据。

用户还可以将整个文件作为 OLE 对象插入到 AutoCAD 图形中，其命令调用方式如下。

（1）工具栏：单击【插入】→【OLE 对象】。

（2）菜单栏：单击【插入】→【OLE 对象】。

（3）命令行：输入 Insertobj（或别名 io），按 <Enter> 键。

调用该命令后，系统将弹出【插入对象】对话框，如图 8 – 1 – 6 所示。

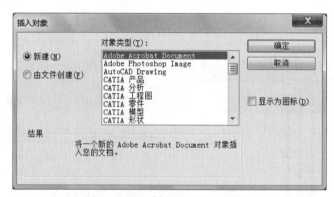

图 8 – 1 – 6 【插入对象】对话框

如果在该对话框中选择【新建】选项，则 AutoCAD 将创建一个指定类型的 OLE 对象并将它嵌入到当前图形中。【对象类型】列表中给出了系统所支持的链接和嵌入的应用程序。

如果在该对话框中选择【由文件创建】选项，则提示用户指定一个已有的 OLE 文件，如图 8 – 1 – 7 所示。

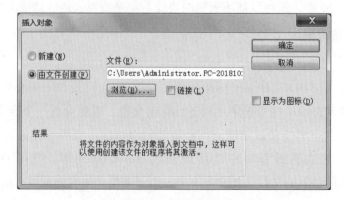

图 8 – 1 – 7 选择【由文件创建】选项

用户可单击【确定】按钮来指定需要插入到当前图形中的 OLE 文件。如果用户选择【链接】选项，则该文件以链接的形式插入，否则将以嵌入的形式插入。

关闭该对话框，系统进一步弹出【OLE 特性】对话框，在该对话框中可调整 OLE 对象的尺寸、字体及 OLE 对象的打印质量。

（1）【大小】栏：指定 OLE 对象的高度和宽度。如果选择【锁定宽高比】项，则两者的改变将保持同步。用户可单击 Reset 按钮恢复该对象插入到图形中时的原始尺寸。

（2）【比例】栏：指定 OLE 对象的高度和宽度的缩放比例。如果选择【锁定宽高比】项，则两者的改变将保持同步。

（3）【文字大小】：改变 OLE 对象中指定字体和字号的文字的尺寸。

（4）【OLE 打印】：确定 OLE 对象的打印质量。

（5）【粘贴新 OLE 对象时显示对话框】：在 AutoCAD 图形中插入一个 OLE 对象时，自动显示【OLE 特性】对话框。

3. 在 AutoCAD 中处理 OLE 对象

AutoCAD 的命令和捕捉方式通常不能用于 OLE 对象，而可以采用如下几种方式。

1）利用鼠标改变 OLE 对象的尺寸和位置

选定 OLE 对象后，其边界将显示为一个带有 8 个小方块的矩形框。将光标移到任一方块上单击并拖动，可相应改变 OLE 对象的尺寸。如果将光标移到 OLE 对象上的其他任意位置单击并拖动，可将 OLE 对象拖到指定的位置。

2）利用快捷菜单来处理 OLE 对象

在 OLE 对象上右击弹出快捷菜单，其作用如下。

（1）【剪切】：相当于 cutclip 命令。

（2）【复制】：相当于 copyclip 命令。

（3）【删除】：相当于 erase 命令。

（4）【放弃】：取消对 OLE 对象所进行的操作。注意，使用 undo 命令不能用于取消对 OLE 对象所作的改动。

（5）【可选择】：控制 OLE 对象是否可被选择。

（6）【前置】：将 OLE 对象移动到 AutoCAD 对象之前。

（7）【后置】：将 OLE 对象移动到 AutoCAD 对象之后。

（8）【特性】：弹出【OLE 特性】对话框来改变 OLE 对象的特性。

4. 改变 OLE 对象的链接设置

对于以链接形式插入的 OLE 对象，AutoCAD 可对其链接设置进行修改。该命令调用方式如下。

（1）菜单栏：单击【编辑】→【OLE 链接】。

（2）命令行：输入 Olelinks，按 <Enter> 键。

调用该命令后，系统弹出【链接】对话框，如图 8 - 1 - 8 所示。

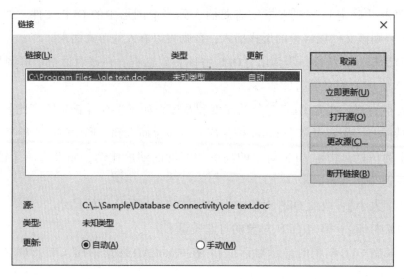

图 8 - 1 - 8 【链接】对话框

对话框中显示了当前图形文件中所有链接对象的类型、源对象和更新方式，并可对指定的链接对象进行如下设置。

（1）链接。列出关于链接对象的信息。所列出的信息取决于链接的类型。要更改链接对象的信息，请选择该对象。

（2）来源。显示源文件路径名和对象类型。

（3）类型。显示格式类型。

（4）更新。自动：源文件发生变化时，自动更新链接。手动：打开文档时，提示用户更新链接。

（5）立即更新。更新选定的链接。

（6）打开源。打开源文件并亮显链接到图形的部分。

（7）更改源。显示"更改源"对话框（标准文件对话框），从中可以指定其他源文件。如果源是文件中的一个选择（而不是整个文件），则"项目名称"显示代表该选择的字符串。

（8）断开链接。切断对象与源文件之间的链接。将图形中的对象修改为 WMF（Windows 图元文件格式），即使将来修改了源文件，该格式也不受影响。

三、任务实施（拼画装配图）

第1步：调用 A3 样板，绘图环境可根据需要进行修改。

第2步：绘制零件图。

绘制铣刀头各零件的零件图，并用【创建图形块】的命令依次将各零件定义为块，供以后绘制装配图调用。为保证绘制装配图时各零件之间的相对位置和装配关系，在创建图形块时，要注意选择好插入基准点。

铣刀头整个装配体包括 15 个零件。其中，螺栓、轴承、挡圈等都是标准件，可根据规格、型号从用户建立的标准图形库调用或按国家标准绘制。轴的零件图如图 6-2-1 所示，底座零件图如图 8-1-9 所示，非标准件的零件图如图 8-1-10 所示。

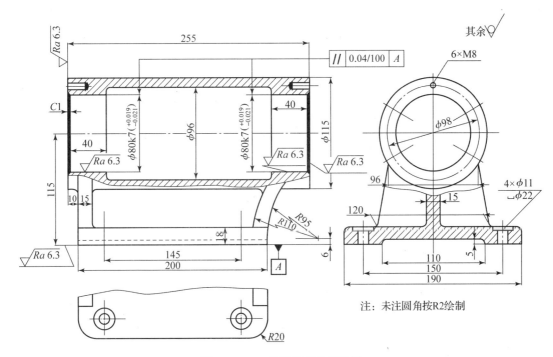

图 8-1-9 铣刀头底座零件图

第 3 步：利用设计中心插入座体零件图。

选择【工具】→【设计中心】，打开设计中心选项板。在文件列表中找到铣刀头零件图的存储位置，在【内容区】选择要插入的图形文件，如座体.dwg，按住鼠标左键不放，将图形拖入绘图区空白处，释放鼠标左键，座体零件图便插入到绘图区。

第 4 步：插入左端盖。

用同样方法，以 A 点为基准点插入左端盖，如图 8-1-11（a）所示。为保证插入准确，应充分使用【缩放】命令和对象捕捉功能。将插入的图形块分解，利用【擦除】和【修剪】命令删除或修剪多余线条。修改后的效果如图 8-1-11（b）右图所示。

第 5 步：插入螺钉。

以 B 点为基准点插入螺钉，删除、修剪多余线条，如图 8-1-12（a）所示。注意相邻两零件的剖面线方向和间隔，以及螺纹连接等要符合制图标准中装配图的规定画法。

第 6 步：插入轴承。

以 C 点为基准点插入左端轴承，并修改图形，如图 8-1-12（b）所示。

第 7 步：插入右端轴承、端盖和螺钉。

重复以上步骤，依次插入右端轴承、端盖和螺钉等，如图 8-1-13 所示。

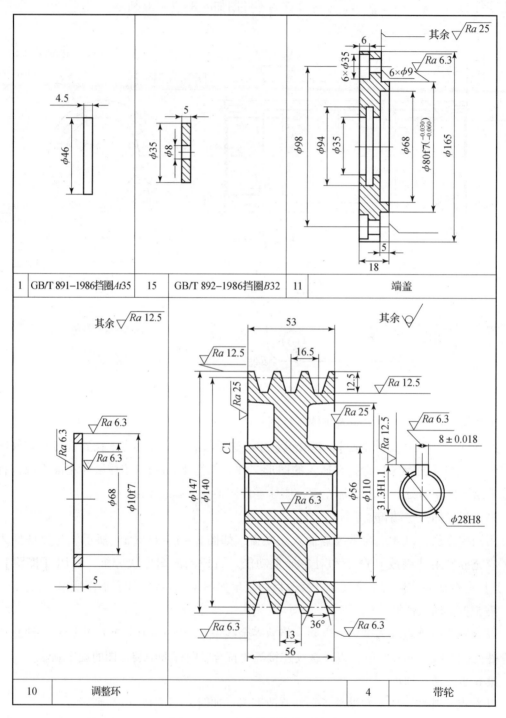

| 1 | GB/T 891–1986挡圈At35 | 15 | GB/T 892–1986挡圈B32 | 11 | 端盖 |
| 10 | 调整环 | | | 4 | 带轮 |

图 8－1－10　非标准件的零件图

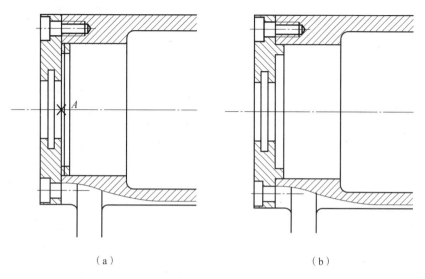

图 8 - 1 - 11 插入座体及左端盖

（a）插入左端盖；（b）修改后

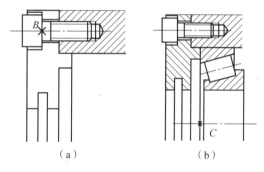

图 8 - 1 - 12 非标准件的零件图

（a）插入螺钉；（b）插入轴承

第 8 步：插入轴。

以 D 点为基准点插入轴，如图 8 - 1 - 14 所示。

第 9 步：插入带轮及轴端挡圈。

以 E 点为基准点插入带轮及轴端挡圈，按规定画法绘制键，如图 8 - 1 - 15 （a）所示。

第 10 步：绘制铣刀、键，插入轴端挡板。

绘制铣刀、键，插入轴端挡板等，如图 8 - 1 - 15 （b）所示。

第 11 步：画油封并对图形进行局部修改。

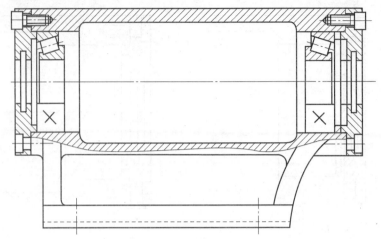

图 8 – 1 – 13　插入右端轴承、端盖、螺钉等

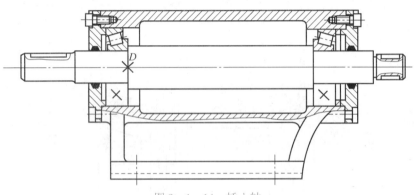

图 8 – 1 – 14　插入轴

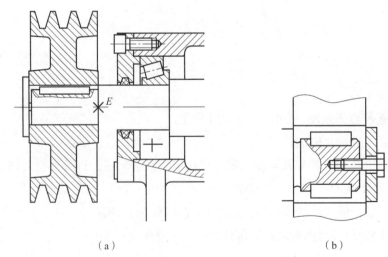

（a）　　　　　　　　　　　　　　　　（b）

图 8 – 1 – 15　插入带轮及轴端挡圈

（a）插入带轮及轴端挡圈；（b）绘制铣刀、键

第 12 步：标注装配图尺寸。

装配图的尺寸标注一般只标注性能、装配、安装和其他一些重要尺寸，如图 8 - 1 - 1 所示。

第 13 步：编写序号。

装配图中的所有零件都必须编写序号，其中相同的零件采用同样的序号，且只编写一次。装配图中的序号应与明细表中的序号一致，如图 8 - 1 - 1 所示。

第 14 步：绘制明细栏。

明细栏中的序号自下往上填写。最后书写技术要求，填写标题栏，结果如图 8 - 1 - 1 所示。

至此，铣刀头装配图完成。

自 测 题

绘制图 8 - 1 - 16 所示轴系的装配图，其中零部件的尺寸以测绘实训中的原始数据为依据。

图 8 - 1 - 16 练习

小 结

绘制装配图通常采用两种方法：第一种是直接利用绘图及图形编辑命令，按手工绘图的步骤，结合对象捕捉、极轴追踪等辅助绘图工具绘制装配图。这种方法不但作图过程繁杂，容易出错，而且只能绘制一些比较简单的装配图。第二种绘制装配图的方法是"拼装法"，即先绘制出各零件的零件图，然后将各零件以图块的形式"拼装"在一起，构成装配图。

项目九　图形的输出和查询

任务一　将阶梯轴的零件图输出

知识目标

1. 了解模型空间与图纸空间的作用。
2. 掌握在模型空间中打印图纸的设置方法。
3. 掌握通过布局进行打印设置的方法。

能力目标

具备在模型空间、图纸空间中打印出图的能力。

一、工作任务

绘制如图 9 – 1 – 1 所示的阶梯轴，然后分别在模型空间和图纸空间中打印出图。

二、相关知识

（一）图形的输入、输出与 Internet 功能

AutoCAD2020 提供了图形输入与输出接口。不仅可以将其他应用程序中处理好的数据传送给 AutoCAD，还能将 AutoCAD 绘制好的图形打印出来，并把它们的信息传送给其他应用程序。此外，为适应互联网的快速发展，使用户能够快速有效地共享设计信息，AutoCAD 2020 强化了 Internet 功能，可以创建 Web 格式的文件（DWF），以及发布 AutoCAD 图形文件到 Web 页，使其与互联网相关的操作更加方便、高效。

选择【文件】→【输出】，系统弹出【输出数据】对话框，如图 9 – 1 – 2 所示，用户可以在【文件类型】下拉列表框中选择各种输出格式，根据要求输出相应格式的文件。AutoCAD 常用文件格式如下。

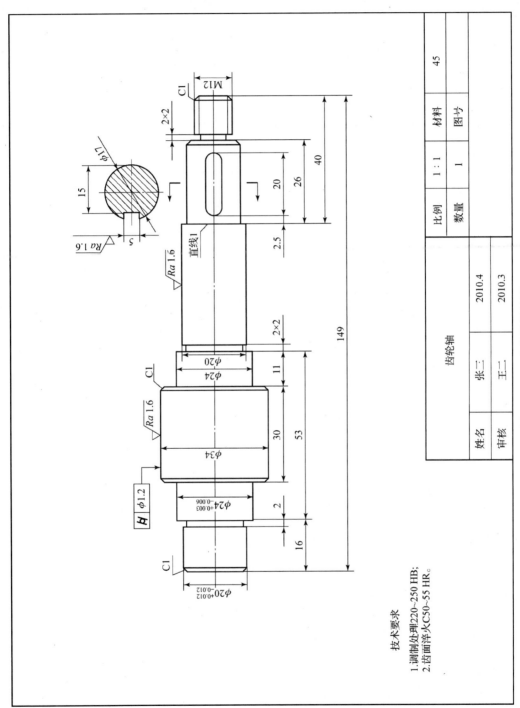

图 9－1－1 阶梯轴零件图

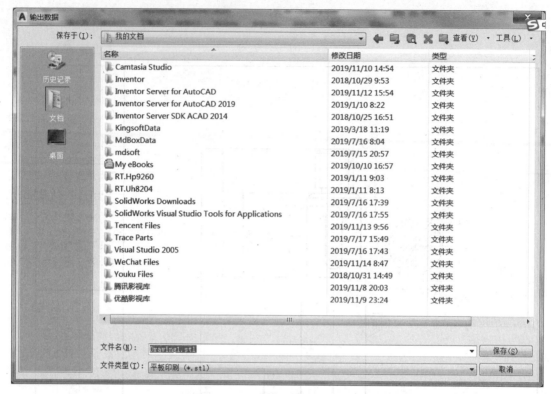

图 9 - 1 - 2 【输出数据】对话框

（1）.dwt 文件：是标准的样板文件，通常将一些规定的标准性的样板文件设置成 .dwt 文件。

（2）.dwg 文件：是图形文件，用于存放用户创建的 AutoCAD 图形。

（3）.dws 文件：是包含标准图层、标注样式、线型和文字样式的样板文件。

（4）.dwf 文件：以 web 图形格式保存，它可以支持平移、缩放、图层、命名视图和嵌入超级链接的显示，但不能直接转化成可以利用的 .dwg 文件。

（二）模型空间输出

1. 模型空间

AutoCAD2020 提供了两个工作空间，分别是模型空间和图纸空间。

模型空间类似于实际生活中的三维世界，绝大部分的绘图工作都在模型空间中完成。在模型空间中，可以不受限制地按照物体的实际尺寸绘制图形，无论是二维还是三维图形；并可以对一个空间物体从不同角度去观察和构造，根据需求用多个二维或三维视图来表示物体，全方位地显示图形对象。因此，用户使用 AutoCAD 时，通常是在模型空间中工作。

打开 AutoCAD，用户就可以进入模型空间，一般按照 1 : 1 的比例设计绘图，完成尺寸标注和文字注释。用户可以在屏幕左下角单击【注释性】按钮，将要放大的带注释性的标注、字体、块等都缩放为相同的比例，同时也要将边框或图纸接线设置按相同的比例进行缩放，这样可以打印标准图纸。

2. 模型空间的设置

要执行模型空间的打印预览，首先要进行页面设置，确定打印设备，然后可以执行预览操作。选择【文件】→【页面设置管理器】命令，打开如图9-1-3所示的【页面设置管理器】对话框。单击【新建】按钮，打开如图9-1-4所示的【新建页面设置】对话框，可以在其中创建新的布局。设置好打印机和图幅大小等后，单击标准工具栏中的【打印预览】按钮，即可预览要打印的图形效果。

图9-1-3 【页面设置管理器】对话框

3. 模型空间图形的输出

AutoCAD是一款功能强大的绘图软件，所绘制的图形被广泛地应用在许多领域。用户可根据不同的用途以不同的方式输出图形。若只是输出简单的草图，只要在模型空间进行简单的设置后打印即可。操作步骤如下。

在模型空间：单击标准工具栏上的【打印】按钮，弹出如图9-1-5所示的【打印-模型】对话框，设置好打印机、图纸尺寸、打印区域、打印位置和打印比例即可打印。其中，【打印区域】各选项的含义如下。

图9-1-4 【新建页面设置】对话框

图 9-1-5 【打印-模型】对话框

（1）图形界限：打印模型选项卡时，将打印栅格界线所定义的整个绘图区域。

（2）显示：打印模型选项卡时，将打印当前视口中的视图。

（3）窗口：打印图形中指定的区域。单击窗口按钮，使用定点设备指定打印区域的对角或输入坐标值。

（三）图纸空间输出

1. 图纸空间

图纸空间可以看作是由一张图纸构成的平面，且该平面与绘图界面平行，可以对绘制好的图形进行编辑、排列以及标注，给图纸加上图框、标题栏或进行必要的文字、尺寸标注等，然后打印出图。

在图纸空间可以设置视口，以展示模型不同部分的视图。每个视口可以独立编辑，对视图进行标注或文字注释，按合适的比例在图纸空间中表示出来，还可以定义图纸的大小。只需要单击绘图区域下方的【模型】或【布局】按钮即可切换模型空间与图形空间。

2. 设置布局

一个布局实际上就是一个出图方案、一张图纸。在 AutoCAD 2020 中，可以创建多种布局，利用布局可以方便快捷地创建多张不同方案的图纸。因此，在一个图形文件中模型空间只有一个，而布局可以设置多个。

1）使用布局向导创建布局

选择【工具】→【向导】→【创建布局】命令，打开【创建布局】向导，可以指定打印设备、确定相应的图纸尺寸和图形的打印方向、选择布局中使用的标题栏或确定视口设置，如图 9 - 1 - 6 所示。

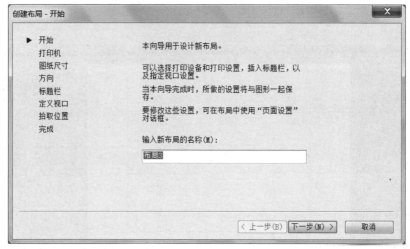

图 9 - 1 - 6 【创建布局 - 开始】对话框

2）布局的管理

右击【布局】标签，使用弹出的快捷菜单中的命令，可以删除、新建、重命名、移动或复制布局，如图 9 - 1 - 7 所示。

3）布局的页面设置

选中布局 1 或任何一个布局，出现如图 9 - 1 - 8 所示的界面，右击【布局 1】，出现 9 - 1 - 9 所示的快捷菜单，选中【页面设置管理器】，弹出如图 9 - 1 - 10 所示的【页面设置管理器】对话框。单击【新建】按钮，打开如图 9 - 1 - 11 【新建页面设置】对话框，可以在其中创建新的布局。

3. 图纸空间图形的输出

操作步骤如下：设置好布局后，单击标准工具栏上的【打印】 按钮，弹出如图 9 - 1 - 12 所示的【打印 - 布局 1】对话框，设置好打印机、页面设置、图纸尺寸即可打印。

图 9 - 1 - 7 右击【布局】弹出的快捷菜单

（四）视口

1. 视口的定义

所谓视口就是指显示用户模型的不同的视图区域，可以将整个绘图区域划分成多个部分，每个部分作为一个单独的视口。各个视口可以独立地进行缩放和平移，且能够同步地进行图形的绘制，对一个视口中图形的修改可以在别的视口中体现出来。通过单击不同的视口区域可以在不同视口之间进行切换。

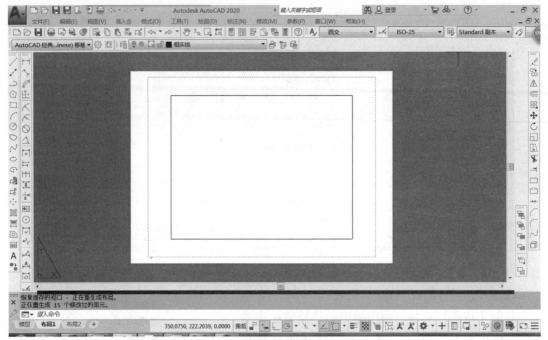

图 9 - 1 - 8 【布局】界面

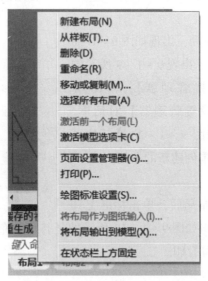

图 9 - 1 - 9 右击【布局1】出现的快捷菜单

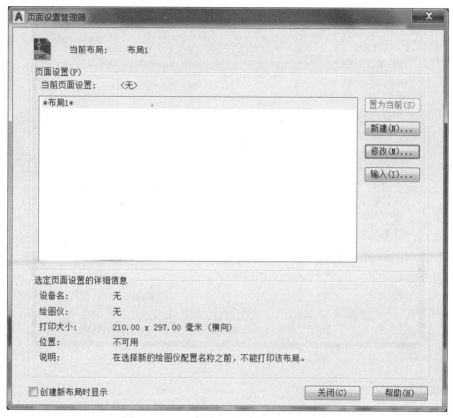

图 9 - 1 - 10 【页面设置管理器】对话框

图 9 - 1 - 11 "新建页面设置"对话框

图 9 – 1 – 12 "打印 – 布局1" 对话框

2. 平铺视口

在 AutoCAD2020 中，使用【视图】→【视口】菜单命令的子菜单中的命令或【视口】工具栏，可以在模型空间创建和管理平铺视口，如图 9 – 1 – 13 所示。

图 9 – 1 – 13 视口打开方法

当打开一个新图形时，默认情况下，将用一个单独的视口填满模型空间的整个绘图区域。而当系统变量 TILEMODE 被设置为 1 后（即在模型空间模式下），就可以将绘图区域分割成多个平铺视口。在 AutoCAD 2020 中，平铺视口具有以下特点。

（1）每个视口都可以平移和缩放、设置捕捉、栅格和用户坐标系等，且每个视口都可以有独立的坐标系统。在命令执行期间，可以任意切换视口，还可以命名视口的配置，以便在模型空间中恢复视口或者应用到布局。

（2）只能在当前视口中工作，要将某个视口设置为当前视口，只需单击视口的任意位置，此时当前视口的边框将加粗显示。

（3）指针只有在当前视口中才显示为十字形状，指针移出当前视口后就变为箭头形状。

（4）当在平铺视口工作时，可全局控制所有视口中的图层可见性。如果某一个视口中关闭了某一图层，系统将关闭所有视口中的相应图层。

3. 浮动视口

1）使用浮动视口

创建新布局后就可以在布局中创建浮动视口。视口中的各个视图可以使用不同的打印比例，并能够控制视口中图层的可见性。

在创建布局图时，可以将浮动视口视为图纸空间的图形对象，并对其进行移动和调整，浮动视口可以相互重叠或分离。在图纸空间中无法编辑模型空间中的对象，如果要编辑模型空间中的对象，必须激活浮动视口，进入浮动模型空间。激活浮动视口的方法有多种，如执行 MSPACE 命令、单击状态栏上的【图纸】按钮或双击浮动视口区域中的任意位置。

2）删除、新建和调整浮动视口

在布局图中，选择浮动视口边界，然后按 < Delete > 键即可删除浮动视口。删除浮动视口后，使用【视图】→【视口】→【新建视口】命令，可以创建新的浮动视口，此时需要指定创建浮动视口的数量和区域。

3）相对图纸空间比例缩放视图

如果布局图中使用了多个浮动视口，就可以为这些视口中的视图建立相同的缩放比例。方法是：选择要修改比例的浮动视口，在【特性】窗口【标准比例】下拉列表框中选择某一比例。对其他浮动视口执行同样的操作，就可以设置一个相同的比例值。

4）在浮动视口中旋转视图

在浮动视口中，执行 MVSETUP 命令可以旋转整个视图。该功能与 ROTATE 命令不同，ROTATE 命令只能旋转单个对象。

5）创建特殊形状的浮动视口

在删除浮动视口后，可以选择【视图】→【视口】→【多边形视口】命令，创建多边形形状的浮动视口。

（五）DWF 文件的介绍

1. DWF 的概念

DWF（Design Web Format）文件是从 DWG 文件创建的高度压缩的文件格式，易于在 Web 上发布和查看，且能够保证数据的安全性和精确性。任何用户都可以使用 Autodesk DWF Composer 或 Autodesk DWF Viewer 打开、查看和打印 DWF 文件；可以通过打印中的 DWF6 ePlot. pc3 以建议的名称创建一个虚拟的电子打印；可以指定多种设置，如画笔指定、旋转和图纸尺寸，所有这些设置都将影响 DWG 文件的打印外观。

DWF 以基于矢量的格式创建，通常是压缩的，且压缩的效率非常高。压缩的 DWF 文件打开和传输的速度要比 AutoCAD 图形文件快。基于矢量的格式可以在进行缩放操作时保持精度。

DWF 文件是与其他不用 AutoCAD 的人员共享 AutoCAD 图形文件的理想方式，即使不懂CAD 技术也可以很容易地查看 DWF 文件。

2. DWF 的创建

（1）打开【打印】对话框对应的命令为 Plot。选择【文件】→【打印】菜单命令，或单击【标准】工具栏上的【打印】图标，都将弹出如图 9-1-14 所示的【打印-模型】对话框。在该对话框的【打印机/绘图仪】中选择【DWF6 ePlot. pc3】，就可以创建 DWF 文件了。

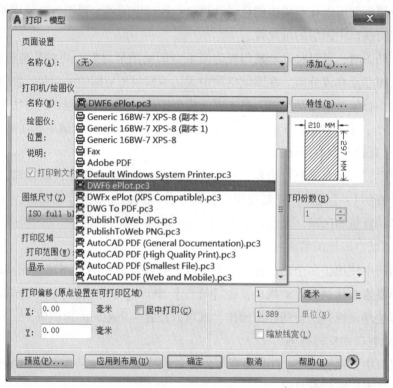

图 9-1-14 【打印-模型】对话框中设置打印机名称

（2）设置 DWF 的特性。

单击【打印-模型】对话框中的【特性…】按钮，弹出如图 9-1-15 所示的【绘图仪配置编辑器 DwF6 ePlot. pc3】对话框，在此对话框中单击【图形】中的【自定义特性】，再单击【自定义特性】按钮，弹出如图 9-1-16 所示的【DWF6 ePlot 特性】对话框，在此对话框中即可以指定创建 DWG 文件的分辨率。

DWF 文件的分辨率越高，其精度越高，文件也越大。对于大多数 DWF 文件而言，中等分辨率设置已经足够。如果创建的 DWF 文件中包含很大的几何图形，则要使用较高的分辨率设置。有两种分辨率可以设置：一种是对矢量图形格式的，以 dpi 为单位指定 DWG 文件中的矢量图形和渐变色的分辨率；一种是以 dpi 为单位指定 DWF 文件中的光栅图像的分辨率。

图 9 – 1 – 15 【绘图仪配置编辑器 – DWF6 ePlot. pc3】对话框

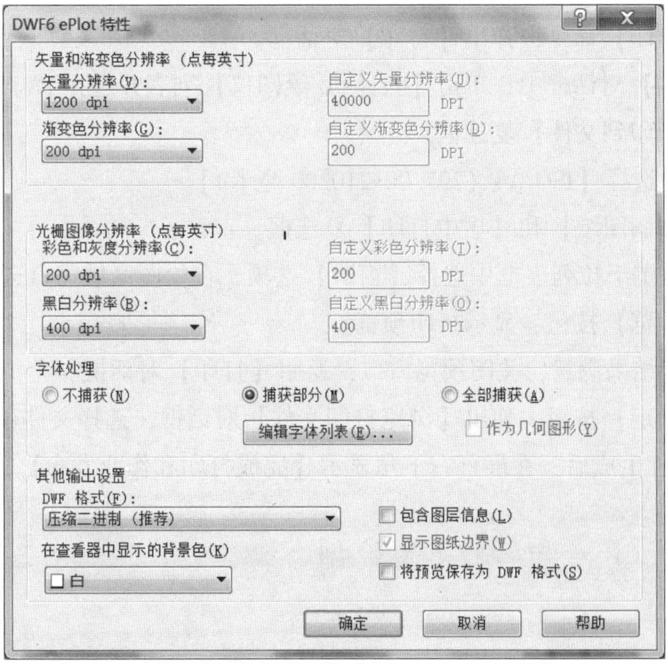

图 9 – 1 – 16 【DWF6 ePlot 特性】对话框

设置 DWG 文件压缩：在缺省情况下，DWG 文件都是以压缩二进制格式输出的。压缩不会丢失任何数据，对于绝大多数 DWG 文件都推荐使用压缩格式。也可以创建不压缩的二进制文件或不压缩的文本文件。这些设置可以在创建或编辑 ePlot 配置文件时指定。

（3）指定打印 DWG 文件的附加设置。

在 AutoCAD 中，还可以在创建的 DWG 文件中指定下列设置。

①用外部浏览器查看 DWG 文件时应用的背景色。

②DWF 文件中包含的图层、缩放比例和测量信息。

③DWF 文件中的图纸边界与布局选项卡中显示的相同。

④指定 DWG 文件中包含的字体及其处理方法。包括"不捕获"，即指定在 DWG 文件中不包含任何字体；"捕获部分（推荐）"，即指定在 DWG 文件的源图形中使用的 True Type 字体将包含在 DWF 文件中；"全部捕获"，即在图形中使用的所有字体都将包含在 DWG 文件中。

三、任务实施

第 1 步：图形分析。

第 2 步：创建样板图。

第 3 步：开始绘图。

第 4 步：尺寸标注。

第 5 步：文字标注。

第 6 步：保存文件。

第 7 步：打印过程。

（1）激活【打印】命令，弹出【打印】对话框。

（2）在【打印】对话框中，单击【打印机/绘图仪】列表并选择 PostScript Level 2. pc3。

（3）选中【打印到文件】复选框。

（4）图纸尺寸选择【ISO A4（297.00x210.00 毫米）】。

（5）选中【布满图纸】和【居中打印】复选框。

（6）在打印范围下拉列表框中选择【窗口】选项，在绘图区域窗口选择图框对角点。

（7）单击【预览】按钮，显示打印预览。

（8）如果打印结果满意，关闭预览窗口，返回【打印】对话框。

（9）单击【确定】按钮，弹出【浏览打印文件】对话框，选择文件存盘位置。

（10）打印文件生成后，在屏幕右下角显示【完成打印和作业发布】。

自 测 题

一、思考题

1. 打印图纸的命令主要有哪些?

2. 如何在模型空间状态下打印图纸？

3. 如何在布局中打印图纸？

5. 模型空间和图纸空间有何区别？

二、选择题

1. 下列命令中，（   ）是打印图纸的命令。

A. print   B. plot   C. draw   D. publish

2. 一个布局中（   ）视口。

A. 只能有一个   B. 只能有两个   C. 只能有四个   D. 有四个以上

3. 如果从模型空间打印一张图纸，打印比例是 5 : 1，那么想在图纸上得到 3 mm 高的字应在图形中设置的字高为（   ）。

A. 15 mm   B. 1.5 mm   C. 3 mm   D. 5 mm

三、上机题

使用 A3 的样板图，绘制吊钩（如图 2 - 1 - 11 所示），设置打印机，打印输出 A3 的图纸。

小　　结

AutoCAD 2020 可以将绘制好的图形打印出来，既可以在模型空间打印图纸，也可以在布局空间打印图纸，还可以打印多个视口的图形。在图纸打印输出时，需要先添加和配置打印机。

任务二　查询棘轮阴影部分的面积

知识目标

1. 掌握【面域】命令的使用方法。

2. 掌握边界的创建方式。

3. 掌握 AutoCAD 的各种查询功能。

能力目标

具备查询图形对象的相关信息（如距离、面积、周长等）的能力。

一、工作任务

绘制如图 9 - 2 - 1 所示的棘轮，将对象生成面域后进行布尔运算，再利用查询功能查询对象的面积、周长、距离等信息。

二、相关知识

(一) 创建面域

1. 功能

面域是由多段线、直线、圆弧、圆、椭圆弧、椭圆和样条曲线等对象围成的二维平面。面域的边界由端点相连的曲线组成，曲线上的每个端点仅连接两条边。面域可进行填充、着色、使用分析特性（如面积）和提取设计信息（如质心）等操作。

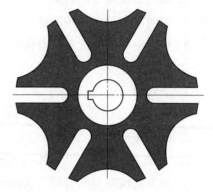

图 9 – 2 – 1 棘轮灰色区域面积样例

在 AutoCAD 2020 中，可以将由某些对象围成的封闭区域转换为面域，这些封闭区域可以是圆、椭圆、封闭的二维多段线和封闭的样条曲线等对象，也可以是由圆弧、直线、二维多段线、椭圆弧、样条曲线等对象构成的封闭区域。但是，AutoCAD 不接受所有相交或自交的曲线。

2. 调用命令的方法

（1）绘图工具条：单击 [⊙] 按钮。

（2）命令行：输入 Region 或 reg，按 <Enter> 键。

（2）菜单栏：单击【绘图】→【面域】。

3. 操作步骤

选择一个或多个用于转换为面域的封闭图形，当按下 <Enter> 键后即可将它们转换为面域。因为圆、多边形等封闭图形属于线框模型，而面域属于面，因此它们在选中时表现的形式也不相同。图 9 – 2 – 2 是未生成面域的选中方式，图 9 – 2 – 3 是生成面域的选中方式。

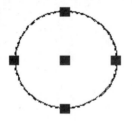

图 9 – 2 – 2 未生成面域的选中方式

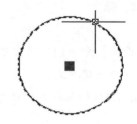

图 9 – 2 – 3 生成面域的选中方式

命令:_region

选择对象:指定对角点:找到 4 个   *选择对象,系统提示选择对象的个数*

选择对象: *按 <Enter> 键或右击表示选择对象的结束*

已创建 1 个面域。   *系统提示创建面域的情况*

其命令在之前的知识点中已详细介绍，这里不再累述。

（二）创建边界

1. 功能

使用【边界】命令可以根据封闭区域内的任一指定点来自动分析该区域的轮廓，并可通过多段线或面域的形式保存下来。

2. 调用命令的方法

（1）命令行：输入 Boundary 或 bo，按 < Enter > 键。

（2）菜单栏：单击【绘图】→【边界】。

执行命令后，系统弹出如图 9 - 2 - 4 所示【边界创建】对话框，单击【拾取点】按钮，在绘图窗口单击一个封闭的区域，根据选择的边界类型，可以创建一个边界的多段线或面域对象。

▲注意：执行【边界】命令，将创建新对象，但不删除源对象；而执行【面域】命令，将删除源对象，使其转换成为一个新的对象。

图 9 - 2 - 4 【边界创建】对话框

（三）面域的布尔运算

面域的布尔运算主要有以下 3 项功能。

1. 并集功能

可将两个或多个面域合并在一起形成新的单独面域，操作对象既可以是相交的，也可是分离开的。选择要合并的面域后，AutoCAD 将多个面域组合成一个面域，如图 9 - 2 - 5（a）所示。

2. 差集功能

从第一个选择集的面域中减去第二个选择集的面域而形成一个新的面域。执行命令后，AutoCAD 提示选择要从中减去的面域及要减去的面域。执行结果：从指定的面域中去掉另一些面域后得到一个新面域，如图 9 - 2 - 5（b）所示。

3. 交集功能

从两个或多个面域的交集中创建面域，然后删除交集外的区域。执行命令后，提示选择对象。执行结果：由各面域的公共部分创建出一个新面域，如图 9 - 2 - 5（c）所示。

（四）从面域中提取数据——查询

1. 有关查询的知识

面域对象除了具有一般图形对象的属性外，还具有面对象的属性，其中一个重要的属性就是质量特性。查询菜单可以完成相关的属性，如面积、周长、质心、X 方向的增量、Y 方向的增量等的查询。

2. 查询距离命令

选择【工具】→【查询】→【距离】命令，如图 9 - 2 - 6 所示，命令行出现如下提示。

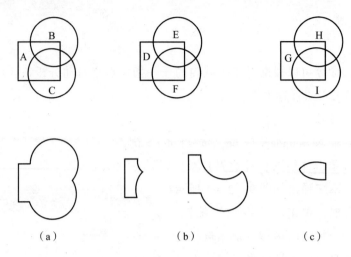

图9.-2-5 布尔运算举例

（a）并集；（b）差集两种方式；（c）交集

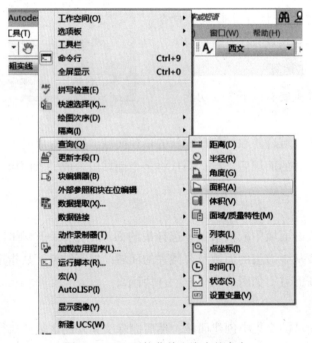

图9-2-6 下拉菜单查询中的命令

命令:_dist

指定第一个点：　　　　　　　　　　　　　　＊指定所要查询对象的第一点位置＊

指定第二点：　　　　　　　　　　　　　　　＊指定所要查询对象的第二点位置＊

文本窗口显示两点的距离信息，包括以下内容（以 XY 平面查询为例）：

距离 = 当前值，XY 平面中的倾角 = 当前值，与 XY 平面的夹角 = 0

X 增量 = 当前值　　　Y = 当前值　　　　Z = 0.000 0

3. 查询坐标命令

选择【工具】→【查询】→【点坐标】命令，如图9-2-6所示，命令行出现如下提示。

命令:_id

指定点：　　　　　　　　　　　　　　　　＊指定所要查询对象的点＊

此时命令行显示如下（以XY平面查询为例）：

X增量＝当前值　　Y　＝当前值　　　Z＝0.000 0

4. 查询面积命令

选择【工具】→【查询】→【面积】，如图9-2-5所示，并选择要提取数据的面域对象，然后按＜Enter＞键，系统将自动切换到【AutoCAD文本窗口】，并显示选择的面域对象的数据特性。命令行的显示如下：

命令:_area

指定第一个角点或［对象(O)/加(A)/减(S)］:A　　　　　　　＊首选加模式＊

命令行提示的有关说明：

（1）对象（O）：选择运算对象。

（2）减（S）：面积减模式。

（3）加（A）：面积加模式。

5. 查询面域/质量特性命令

选择【工具】→【查询】→【面域/质量特性】，如图9-2-6所示，命令行显示如下信息。

命令:_massprop

选择对象：　　　　　　　　　　　　　　＊选择对象,可选择多个对象＊

选择对象：　　　　　　　　　＊选择对象,可选择多个对象,按＜Enter＞键表示结束＊

-------------------- 面域 --

面积：　　　　　　　　　1 408.279 6

周长：　　　　　　　　　155.109 5

边界框：　　　　　　　　X:100.000 0 --------144.812 0

　　　　　　　　　　　　Y:98.225 0 -------134.990 7

质心：　　　　　　　　　X:102.000 0 --------111.812 0

　　　　　　　　　　　　Y:298.225 0 -------334.990 7

惯性矩：　　　　　　　　X:12 222 222.000 0

　　　　　　　　　　　　Y:222 222 298.225 0

惯性积：　　　　　　　　X Y:144 565 656.812 0

旋转半径：　　　　　　　X:144.812 0

Y：134.990 7

主力局与质心的 X－－Y 方向： I：1 012 230.000 0　　　沿[1.000 0　　0.000 0]
　　　　　　　　　　　　　　　　J：1 345 678.990 7　　　沿[0.000 0　　1.000 0]

是否将分析结果写入文件？[是(Y)/ 否(Y)] <否 >：输入 N 或 n，或按回车键默认为否，如果输入 Y 或 y，将提示文件名。

三、任务实施

第1步：设置图形界限。

第2步：创建图层。

第3步：设置对象捕捉。

第4步：画图。

第5步：面积查询。

选择【工具】→【查询】→【面积】，命令行的显示如下。

命令：_area
指定第一个角点或 [对象(O)/加(A)/减(S)]:A　　　　　　　　　 * 首选加模式 *
指定第一个角点或 [对象(O)/减(S)]:O　　　　　　　　　　 * 输入对象模式 *
("加"模式) 选择对象：　　　　　　　　　 * 单击棘轮轮廓多段线，求的面积 *
面积 =11 445.514 2,周长 =983.608 4
总面积 =11 445.514 2
("加"模式) 选择对象：　　　　　　　　　　　　　　 * 按 < Enter > 键 *
指定第一个角点或[对象(O)/减(S)]:S　　　　　　　　　　 * 选择减模式 *
指定第一个角点或[对象(O)/加(A)]:O　　　　　　　　　 * 输入对象模式 *
("减"模式) 选择对象：　　　　　　　　　　 * 单击直径为 50 的圆 *
面积 =1 963.495 4,圆周长 =157.079 6
总面积 =9 482.018 8

自 测 题

一、思考题

1. 面域一定是封闭的图形吗？

2. 面域的特点是什么？在什么情况下使用面域才能有效地提高作图效率？

3. 分解的对象必须具备什么条件？

二、选择题

1. 矩形阵列中除需要选择阵列的对象外，还需要设置的参数有 (　　)。

A. 项目总数   B. 填充角度   C. 行偏移   D. 中心点

2. AutoCAD 中对象的复制方法包括（   ）。

A. 阵列对象   B. 偏移对象   C. 复制对象   D. 拉伸对象

3. 下列对象中可分解的对象有（   ）。

A. 直线   B. 圆   C. 多段线   D. 圆环

三、上机题

计算图 9 – 2 – 7 所示阴影区域的面积。

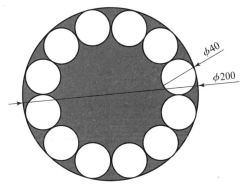

图 9 – 2 – 7　练习图形

小　　结

通过查询棘轮面积，学会将图形对象转化为面域和使用【查询】命令查询图形信息的方法。在计算两个面域之差时，必须先选择"加"模式，计算出被减面域的面积后，再选择"减"模式，计算所求面域的面积差。

任务一　绘制基本实体模型

知识目标

1. 掌握激活三维绘图命令，利用系统提供的基本实体绘制简单的三维实体的方法。
2. 了解并掌握三维坐标系。
3. 了解视点的设置方法。
4. 掌握布尔运算的使用方法。

能力目标

具备绘制基本实体，运用布尔运算创建简单实体模型的能力。

一、工作任务

调用绘制三维图形所使用的工具栏，设置不同的视点观察三维实体，创建简单三维实体模型，并对实体进行布尔运算和编辑，绘制如图 10 - 1 - 1 所示的窥油孔盖。

二、相关知识

（一）三维绘图需要的主要工具栏

右击常用工具栏，弹出快捷菜单，选择【建模】【实体编辑】【动态观察】【视图】4 个主要的工具栏。当然，绘制三维实体时，也会用到其他一些工具栏，在以后用到时再具体讲解。

（1）【建模】工具栏：可以绘制多实体、长方体、楔体、圆锥体、球体、圆柱体、圆环体及棱锥

图 10 - 1 - 1　窥油孔盖样例

等基本实体模型，如图 10 - 1 - 2 所示。

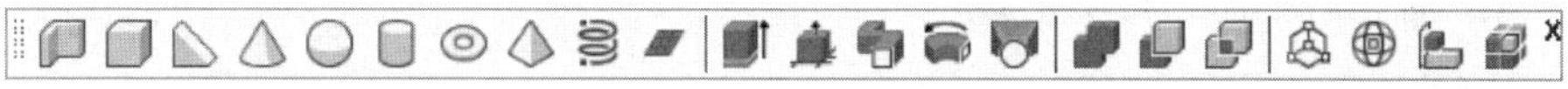

图 10 - 1 - 2 【建模】工具栏

（2）【实体编辑】工具栏：可以对三维实体进行三维阵列、三维镜像、三维旋转、对齐等编辑操作，如图 10 - 1 - 3 所示。

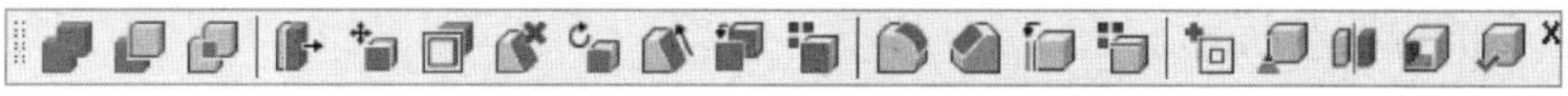

图 10 - 1 - 3 【实体编辑】工具栏

（3）【动态观察】工具栏：利用三维动态观察工具，实现对实体模型的动态观察，如图 10 - 1 - 4 所示。

图 10 - 1 - 4 【动态观察】工具栏

（4）【视图】工具栏：通过此工具栏中的【俯视】【仰视】【左视】【右视】【主视】【后视】【西南等轴测】【东南等轴测】【东北等轴测】和【西北等轴测】命令，从多个方向来观察图形，如图 10 - 1 - 5 所示。

图 10 - 1 - 5 【视图】工具栏

（二）用户坐标系

1. 右手定则

右手法则：用右手定则判断三维坐标轴的位置和方向，就是将右手手背靠近屏幕放置，以相互垂直的右手的大拇指（为 X 轴正向），食指（为 Y 轴正向）、中指（为 Z 轴正向）表示。世界坐标系和用户坐标系的坐标轴方向都用右手法则判断。

2. 创建用户坐标系（UCS）

1）功能

为实现在形体不同表面上作图，用户需将坐标系设为当前作图面的方向和位置。UCS 工具栏如图 10 - 1 - 6 所示。

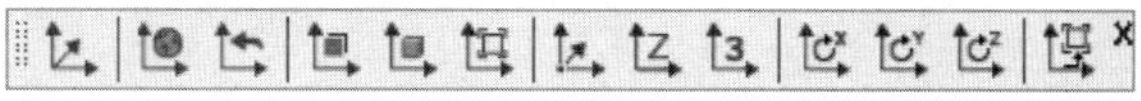

图 10 - 1 - 6 UCS 工具栏

2）调用命令的方法

（1）菜单栏：单击【工具】→【新建 UCS】。

（2）命令行：输入 UCS，接 < Enter > 键。

（3）图标：单击在 UCS 工具栏中  。

3）操作步骤

启用 UCS 命令后，命令行中出现：

命令：UCS

当前 UCS 名称：

指定 UCS 的原点或［面（F）/命名（NA）/对象（OB）/上一个（P）/视图（V）/世界（W）/X/Y/Z/Z 轴（ZA）］＜世界＞：

4）选项中的说明与提示

面（F）：将 UCS 与选定实体对象的面对正。

命名（NA）：给新建的用户坐标命名。

对象（OB）：根据选定对象定义新的坐标系。

上一个（P）：恢复上一个 UCS。

视图（V）：以垂直于视图方向（平行于屏幕）的平面为 XY 平面，来建立新的坐标系。

X/Y/Z：指定绕 X/Y/Z 轴的旋转角度来得到新的 UCS。

Z 轴（ZA）：指定 UCS 坐标系的原点及 Z 轴正半轴上一点，然后按右手定则来确定当前坐标系。

世界（W）：建立世界坐标系。

3. 管理用户坐标系

1）功能

对用户坐标系进行管理和操作。

2）调用命令

（1）菜单栏：单击【工具】→【命名 UCS】。

（2）命令行：输入 Ucsman 或 Uc，按＜Enter＞键。

3）操作步骤

启动该命令后，AutoCAD 会弹出如图 10 - 1 - 7 所示的 UCS 对话框。该对话框包含【命名 UCS】【正交 UCS】【设置】3 个选项卡，用户可以对用户坐标系进行相应的管理和操作。

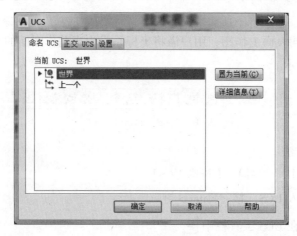

图 10 - 1 - 7 UCS 对话框

4. 三维坐标形式

（1）三维直角坐标，如：绝对坐标（30，60，80），相对坐标（@30，60，80）。

（2）圆柱坐标，如：绝对坐标（80<80，60），相对坐标（@80<80，60）。

（3）球面坐标，如：绝对坐标（80<70<60），相对坐标（@80<70<60）。

（三）视图观察点（视点）

1. 使用【视图】工具栏设置视点

【视图】工具栏（如图10-1-5所示）中的【俯视】【仰视】【左视】【右视】【主视】【后视】【西南等轴测】【东南等轴测】【东北等轴测】和【西北等轴测】命令，可从多个方向来观察图形。

2. 使用【视点预设】对话框设置视点

利用【视点预设】对话框选择视点，并将视点到原点的连线作为观察物体方向。其具体操作步骤如下：单击【视图】→【三维视图】→【视点预改】执行该命令后，屏幕上出现如图10-1-8所示的对话框，用户可以利用【视图预设】对话框左边类似于钟的图像，确定视点和原点的连线在XOY平面上的投影与X轴正方向的夹角，利用【视图预设】对话框右边的半圆形图像确定连线与投影线之间的夹角。

3. 使用罗盘确定视点

单击【视图】→【三维视图】→【视点】执行该命令后，AutoCAD提示：

指定视点或［旋转（R）］<显示坐标球和三轴架>：

其中，"指定视点"选项用于指定一点作为视点方向。"旋转"选项用于根据角度确定视点方向。"<显示坐标球和三轴架>"则在屏幕中间出现一个坐标三轴架，右上方出现罗盘，如图10-1-7所示，用户可通过屏幕上显示的罗盘定义视点。

4. 使用平面视图

平面视图是以二维环境显示三维图形，视点位于坐标系的正Z轴上，这样可以获得XY平面上的视图。

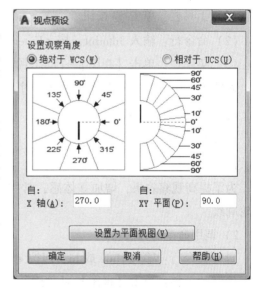

图10-1-8 【视点预设】对话框

单击【视图】→【三维视图】→【平面视图】执行该命令，AutoCAD提示：

输入选项［当前UCS(C)/UCS(U)/世界(W)］<当前UCS>：

其中，"当前UCS（C）"选项表示创建当前UCS的XY平面视图。"UCS"选项允许用户选择已经命名的UCS，AutoCAD将生成该UCS的XY平面视图。"世界（W）"选项创建WCS的XY平面视图。

（四）三维动态观察器的使用

1. 连续动态观察

1）功能

按下鼠标左键并拖动光标，使对象沿拖动方向连续旋转。松开鼠标停止图形对象的转动。

2）调用命令的方法

（1）工具栏：单击 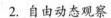 按钮。

（2）命令行：输入 3dcorbit，按 < Enter > 键。

（3）菜单栏：单击【视图】→【动态观察】→【连续动态观察】。

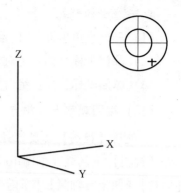

图 10 - 1 - 9　罗盘

2. 自由动态观察

1）功能

可通过单击和拖动的方式，在三维空间动态观察对象。不参照平面，在任意方向上进行动态观察。沿 XY 平面和 Z 轴进行动态观察时，视点不受约束。

2）调用命令的方法

（1）工具栏：单击 按钮。

（2）命令行：输入 3dforbit，按 < Enter > 键。

（3）菜单栏：单击【视图】→【动态观察】→【自由动态观察】。

▲**注意**：3dforbit 命令处于活动状态时，无法编辑对象。

（五）三维图形的显示

1. 消隐图形

1）功能

为了提高观察效果，增加立体感，常用【消隐】命令暂时隐藏位于实体背后的被遮挡的轮廓线。

2）调用命令的方法

（1）命令行：输入 Hide 或 hi，回按 < Enter > 键。

（2）菜单栏：单击【视图】→【消隐】。

2. 视图样式

1）功能

【视图样式】命令可生成【二维线框】【三维线框】【真实】【概念】等多种视图。

2）调用命令的方法

（1）命令行：输入 Shademode，按 < Enter > 键。

（2）菜单栏：单击【视图】→【视图样式】。

其级联菜单如图 10 - 1 - 10 所示。

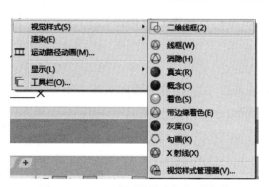

图 10-1-10 【视图样式】级联菜单

（六）三维建模命令

1. 三维建模命令之一：长方体

1）功能

可创建底面与当前坐标系的 XY 平面平行的长方体，如图 10-1-11 所示。

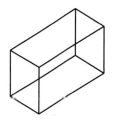

图 10-1-11 长方体

2）调用命令的方法

（1）绘图工具栏：单击▢按钮。

（2）命令行：输入 Box，按 <Enter> 键。

（3）菜单栏：单击【绘图】→【建模】→【长方体】。

3）操作步骤

命令：_box　　　　　　　　　　　　　　　　　　　　*启动命令*

指定第一个角点或 [中心(C)]：　　　　　　　　　*指定长方体的第一个角点*

指定其他角点或 [立方体(C)/长度(L)]：　　　　　*指定长方体的另一个角点*

指定高度或 [两点(2P)]：　　　　　　　　　　　　*指定长方体的高度*

4）有关提示选项说明

（1）立方体（C）：可选择绘制立方体。

（2）选择长度（L）：绘制或指定角点的位置，确定长方体底面四边形的位置和大小，再输入长方形的高。

（3）中心（C）：先确定长方体的中心，再确定长方体底面的一个角点，最后输入长方形的高。

2. 三维建模命令之二：楔体

1）功能

可创建底面与当前坐标系的 XY 平面平行的楔形体，如图 10-1-12 所示。

2）调用命令的方法

（1）绘图工具栏：单击◹按钮。

（2）命令行：输入 Wedge，按 <Enter> 键。

（3）菜单栏：单击【绘图】→【建模】→【楔体】。

3）操作步骤

命令：_wedge

指定第一个角点或［中心(C)］：＊指定楔体的第一个点＊

指定其他角点或［立方体(C)/长度(L)］：

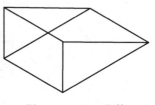

图10-1-12　楔体

＊指定楔体的其他角点＊

指定高度或［两点(2P)］<346.6>：　　　　　　　＊指定楔体的高度＊

▲**注意**：有关提示选项同长方体。

3. 三维建模命令之三：圆锥体

1）功能

可创建底面位于当前 UCS 坐标系 XY 平面的圆锥体或椭圆锥体，如图10-1-13所示。

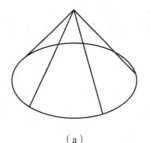

（a）　　　　　　　　　　　（b）

图10-1-13　圆锥体线宽密度的比较

（a）密度为4；（b）密度为10

2）调用命令的方法

（1）绘图工具栏：单击 △ 按钮。

（2）命令行：输入 Cone，按 <Enter> 键。

（3）菜单栏：单击【绘图】→【建模】→【圆锥体】。

3）操作步骤

命令：_cone

指定底面的中心点或［三点(3P)/两点(2P)/相切、相切、半径(T)/椭圆(E)］：

＊指定底面中心＊

指定底面半径或［直径(D)］<30.0>:30　　　　　＊输入底面圆半径为30＊

指定高度或［两点(2P)/轴端点(A)/顶面半径(T)］< -40.0>:40

＊输入底面圆半径为40＊

4）有关提示选项说明

（1）三点（3P）：可通过三点绘制底面圆。

（2）两点（2P）：可通过二点绘制底面圆。

（3）相切、相切、半径（T）：可通过相切、相切、半径绘制底面圆。

（4）椭圆（E）：绘制椭圆锥底面椭圆。

(5) 直径 (D)：输入直径确定底面圆的大小。

(6) 轴端点 (A)：输入轴端点确定圆锥体高度。

(7) 顶面半径 (T)：通过输入顶面半径和高度确定圆台体。

▲注意：在 AutoCAD 中，实体均用线框的形式来显示，线条的数量由系统变量 ISOLINES 控制，该变量的初始值为4。在绘制曲面实体如圆柱体、圆锥体、圆环体时，ISOLINES 值越大，线条越密，曲面实体越逼真，但所占空间越大，计算机的运行速度越慢。

改变线框的密度其具体操作方法如下：

命令：isolines   *输入命令*

输入 ISOLINES 的新值 <4>:10   *输入 ISOLINES 的新值*

4. 三维建模命令之四：圆柱体

1) 功能

以圆或椭圆作底面创建柱体，柱体底面位于坐标系的 XY 平面，如图 10-1-14 所示。

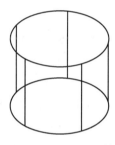

2) 调用命令的方法

(1) 绘图工具栏：单击 ▢ 按钮。

(2) 命令行：输入 Cylinder，按 <Enter> 键。

(3) 菜单栏：单击【绘图】→【建模】→【圆柱体】。

3) 操作步骤

图 10-1-14　圆柱体

命令：_cylinder

指定底面的中心点或[三点(3P)/两点(2P)/相切、相切、半径(T)/椭圆(E)]：

　　　　　　　　　　　　　　　　　　　　　　　　　　　　　指定底面中心

指定底面半径或[直径(D)] <30.0>:   *指定底面圆半径*

指定高度或[两点(2P)/轴端点(A)] <40.0>:   *指定圆柱高度*

▲注意：有关提示选项如圆锥体。

5. 三维建模命令之五：球体

1) 功能

根据球心、半径或直径创建球体，如图 10-1-15 所示。

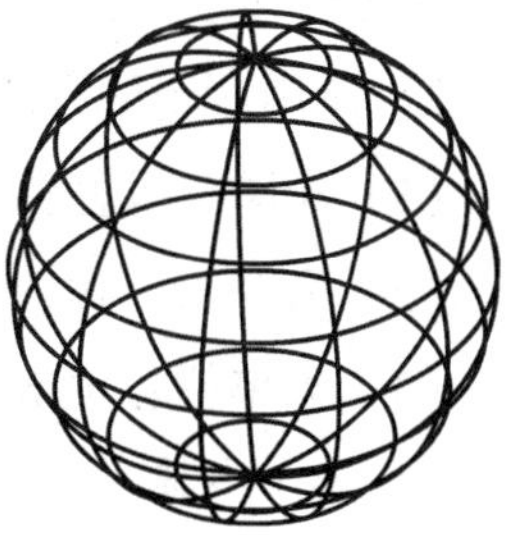

2) 调用命令的方法

(1) 绘图工具栏：单击 ◯ 按钮。

(2) 命令行：输入 Sphere，按 <Enter> 键。

(3) 菜单栏：单击【绘图】→【建模】→【球体】。

图 10-1-15　球体

3) 操作步骤

命令：_sphere

指定中心点或[三点(3P)/两点(2P)/相切、相切、半径(T)]：   *指定球的中心*

指定半径或[直径(D)] <25.6>:   *指定球的半径*

4）有关提示选项说明

（1）三点（3P）：三点确定通过球心的圆绘制球。

（2）两点（2P）：二点确定通过球心的圆绘制球。

（3）相切、相切、半径（T）：利用相切、相切、半径确定通过球心的圆绘制球。

（4）直径（D）：指定球心和直径的方法绘制球。

6. 三维建模命令之六：圆环体

1）功能

创建圆环实体，圆环体与当前 UCS 的 XY 平面平行且被该平面平分，如图 10 - 1 - 16 所示。

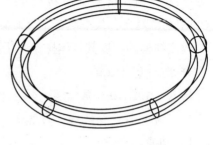

2）调用命令的方法

（1）绘图工具栏：单击◎按钮。

（2）命令行：输入 Torus ，按 < Enter > 键。

（3）菜单栏：单击【绘图】→【建模】→【圆环体】。

图 10 - 1 - 16　圆环体

3）操作步骤

命令:_torus

指定中心点或[三点(3P)/两点(2P)/相切、相切、半径(T)]:　　　*指定圆环的中心*

指定半径或[直径(D)]<121.2>:50　　　　　　　　　　　*输入外环的半径或直径*

指定圆管半径或[两点(2P)/直径(D)]:5　　　　　　　　　　*指定圆管半径为5*

4）有关提示选项说明

（1）三点（3P）：三点确定圆环的中心圆。

（2）两点（2P）：二点确定圆环的中心圆。

（3）相切、相切、半径（T）：利用相切、相切、半径的方法确定圆环的中心圆。

7. 三维建模命令之七：多段体

1）功能

可创建多段体，如图 10 - 1 - 17 所示。

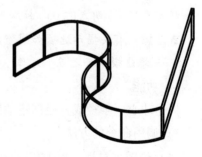

2）调用命令的方法

（1）绘图工具栏：单击▨按钮。

（2）命令行：输入 Polysolid，按 < Enter > 键。

（3）菜单栏：单击【绘图】→【建模】→【多段体】。

图 10 - 1 - 17　多段体

3）操作步骤

命令:_Polysolid 高度 = 80.0, 宽度 = 5.0, 对正 = 居中

指定起点或 [对象(O)/高度(H)/宽度(W)/对正(J)] <对象>: *指定楔体的起点*

指定下一个点或 [圆弧(A)/放弃(U)]:　　　　　　　　　*指定楔体的下一个点*

指定下一个点或 [圆弧(A)/放弃(U)]:　　　　　　　　　*指定楔体的下一个点*

指定下一个点或 [圆弧(A)/闭合(C)/放弃(U)]:C　　　　　*输入C,形成封闭形*

4）有关提示选项说明

（1）圆弧（A）：可绘制弧。

（2）放弃（U）：放弃上一步操作。

（3）闭合（C）：形成封闭形。

（七）布尔运算

1. 布尔运算之：并集

1）功能

把两个或多个实体合并在一起形成新的实体，操作对象既可以是相交的，也可以是分离开的。

2）调用命令的方法

（1）实体编辑工具栏：单击 按钮。

（2）命令行：输入 Union，按＜Enter＞键。

（3）菜单栏：单击【修改】→【实体编辑】→【并集】

3）操作步骤

命令：_union

选择对象：　　　　　　　　　　　　　　　　　　　＊选择要合并的对象＊

选择对象：　　　　　　　　　　　　　　　　　＊选择要合并的另一个对象＊

选择对象：　　　　　　　　　　＊按＜Enter＞键或右击表示选择对象的结束＊

2. 布尔运算之：差集

1）功能

从一个实体中减去另一些实体而形成新的实体。

2）调用命令的方法

（1）实体编辑工具栏：单击 按钮。

（2）命令行：输入 Subtract，按＜Enter＞键。

（3）菜单栏：单击【修改】→【实体编辑】→【差集】。

3）操作步骤

命令：_subtract 选择要从中减去的实体或面域...

选择对象：　　　　　　　　　　　　　　　　　　＊选择被减实体对象＊

选择要减去的实体或面域..

选择对象：　　　　　　　　　　　　　　　　　　＊选择要减去的实体对象＊

选择对象：　　　　　　　　　　　　　＊按＜Enter＞键或右击结束命令＊

3. 布尔运算之：交集

1）功能

创建由两个或多个实体的重叠部分构成的实体，然后删除交集外的区域。

2）调用命令的方法

（1）实体编辑工具栏：单击 ▣ 按钮。

（2）命令行：输入 intersect，按 <Enter> 键。

（3）菜单栏：单击【修改】→【实体编辑】→【交集】。

3）操作步骤

命令:_intersect

选择对象：　　　　　　　　　　　　　　　　　 *选择相交的对象*

选择对象：　　　　　　　　　　　　　　 *选择相交的另一个对象*

选择对象：　　　　　　　　　 *按 <Enter> 键或右击结束命令*

三、任务实施

第 1 步：设置绘图环境。

设置绘图界限：297×210。

设置图层：前面知识点已详细介绍，不再累述。

第 2 步：调出下列工具栏

UCS、【视点】【实体】【实体编辑】工具栏。

单击【视点】工具栏中的【西南等轴测】按钮，切换到西南等轴测视图，使二维模式转换为三维模式。

第 3 步：绘制长方体。

设置实体层为当前层。

调用【长方体】命令，创建长方体，其长、宽、高分别为 40、30、10，如图 10-1-18 所示。

第 4 步：换到辅助层，作辅助线找出 4 个孔的中心点，如图 10-1-19 所示。

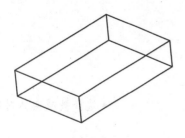 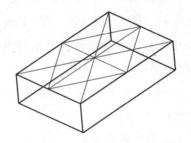

图 10-1-18　创建长方体　　　　图 10-1-19　通过辅助线定中心孔的中心点

第 5 步：绘制 4 个中心孔，即圆柱，如图 10-1-20 所示。

第 6 步：通过布尔差运算，获得结果如图 10-1-21 所示。

图 10 - 1 - 20 绘制圆柱　　　　　　　　图 10 - 1 - 21 使用差集

自　测　题

绘制一级减速器游标盖立体图，尺寸如图 10 - 1 - 22 所示。

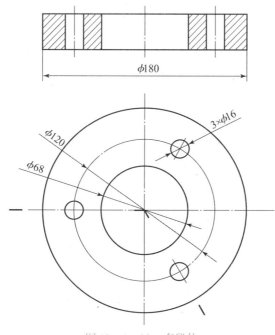

图 10 - 1 - 22 多段体

小　结

　　三维图形是 AutoCAD 非常重要的功能之一，它能给人以强烈的真实感，在进行渲染之后，感觉跟实物差不多。在产品宣传、广告制作、科研和教学工作中有着不可替代的作用。通过对本任务的学习，用户应掌握三维实体的创建及其他三维知识，如三维坐标、三维图形的显示等功能，能够自如地创建三维基本实体，并从各个角度观察图形。

任务二 绘制组合实体模型

▲ 知识目标

1. 掌握由二维平面图形创建三维实体的方法，如拉伸、旋转、扫掠和放样等。
2. 掌握三维实体的操作方法，如三维镜像、旋转、阵列、对齐及剖切等。
3. 掌握三维实体的基本编辑方法，三维模型面、边的修改与编辑。

▲ 能力目标

具备利用 AutoCAD 中相关三维命令创建组合实体模型的能力。

一、工作任务

运用三维实体的建模和编辑命令绘制如图 10-2-1 所示的轴承架，对三维模型进行三维镜像、旋转、阵列、对齐等操作，实现实体面、线的编辑，并通过设置视点观察三维实体。

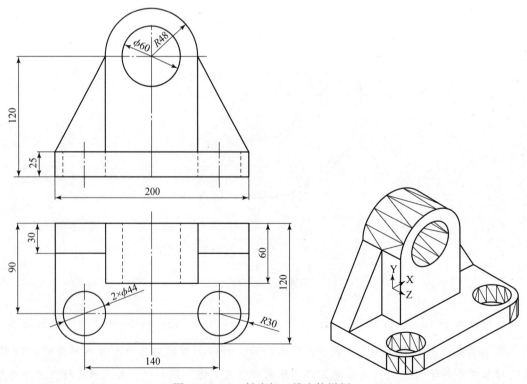

图 10-2-1 轴支架三维实体样例

二、相关知识

(一) 由二维图形创建实体的方法

1. 二维图形创建实体方法一：拉伸命令

1) 功能

沿 Z 轴或某个方向拉伸二维对象生成三维实体，如图 10 - 2 - 2 所示。拉伸对象被称为断面，可以是任何 2D 封闭多段线、圆、椭圆、封闭样条曲线和面域，多段线对象的顶点数为 3 ~ 500。

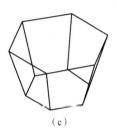

（a） （b） （c）

图 10 - 2 - 2 拉伸倾斜角度的效果

（a）拉伸角度为 0°；（b）拉伸角度为 30°；（c）拉伸角度为 - 30°

2) 调用命令的方法

（1）建模工具栏：单击【拉伸】按钮。

（2）命令行：输入 Extrude 或 ext，按 < Enter > 键。

（3）菜单栏：单击【绘图】→【建模】→【拉伸】。

3) 操作步骤

命令:_extrude

当前线框密度:ISOLINES = 4   * 系统提示当前线框密度的数值 *

选择要拉伸的对象:找到 1 个   * 选择要拉伸的对象,系统提示选择对象的个数 *

选择要拉伸的对象: * 按 < Enter > 键或右击表示选择对象的结束 *

指定拉伸的高度或[方向(D)/路径(P)/倾斜角(T)]:   * 指定拉伸的高度 *

4) 有关提示选项说明

（1）拉伸的高度：如果输入正值，将沿着对象所在的坐标系的 Z 轴正方向拉伸对象；如果输入负数值，将沿着对象所在的坐标系的 Z 轴负方向拉伸对象。

（2）方向（D）：通过指定的两点确定拉伸的长度和方向。

（3）路径（P）：选择基于指定曲线对象的拉伸路径将对象进行拉伸。

（4）倾斜角（T）：输入正角度表示从基准对象逐渐变细地拉伸，而输入负角度则表示从基准对象逐渐变粗地拉伸。

2. 二维图形创建实体方法二：旋转命令

1) 功能

将二维对象绕某一轴旋转生成三维实体，如图 10 - 2 - 3 所示。用于旋转成实体的二维对象可以是封闭的多段线、多边形、矩形、圆、椭圆、闭合样条曲线、圆环和面域。

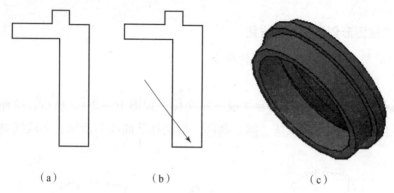

（a） （b） （c）

图 10 – 2 – 3　绘制轴承盖的旋转截面及效果

（a）轴承座截面；（b）箭头所指为旋转；（c）旋转后的效果

2）调用命令的方法

（1）绘图工具栏：单击█按钮。

（2）命令行：输入 Revolve，按＜Enter＞键。

（3）菜单栏：单击【绘图】→【建模】→【旋转】。

3）操作步骤

命令：_revolve

当前线框密度：ISOLINES = 4　　　　　　　　　　　＊系统提示当前线框密度的数值＊

选择要旋转的对象：指定对角点：找到 1 个

　　　　　　　　　　　　　　　　　＊选择要旋转的对象，系统提示选择对象的个数＊

选择要旋转的对象：　　　　　　　　＊按＜Enter＞键或右击表示选择对象的结束＊

指定轴起点或根据以下选项之一定义轴［对象（O）/X/Y/Z］＜对象＞：

　　　　　　　　　　　　　　　　　　　　　　　＊指定旋转轴起点＊

指定轴端点：　　　　　　　　　　　　　　　　＊指定旋转轴端点＊

指定旋转角度或［起点角度（ST）］＜360＞：

　　　　　　　　　　　　　　＊输入旋转角度或回车选择默认角度360°＊

4）有关提示选项说明

（1）对象（O）：表示选择现有的对象作为旋转轴。

（2）X/Y/Z：表示使用当前 UCS 的 X、Y、Z 轴作为旋转轴。

（3）起点角度（ST）：表示旋转时的起点角度数值。

▲**注意**：不能对以下对象使用 Revolve 命令：三维对象、包含在块中的对象、有相交或自交线段的多段线，或非闭合多段线。

3. 二维图形创建实体方法三：扫掠

1）功能

绘制网格面或三维实体。如果要扫掠的对象不是封闭的图形，那么扫掠后得到的是网格

面，否则得到的是三维实体。

2）调用命令的方法

（1）绘图工具栏：单击 按钮。

（2）命令行：输入 SWEEP，按＜Enter＞键。

（3）菜单栏：单击【绘图】→【建模】→【扫掠】。

3）操作步骤

命令:_sweep

当前线框密度:ISOLINES＝4 ＊系统提示当前线框密度的数值＊

选择要扫掠的对象:指定对角点:找到 2 个

＊选择要旋转的对象,系统提示选择对象的个数＊

选择要扫掠的对象: ＊按＜Enter＞键或右击表示选择对象的结束＊

选择扫掠路径或［对齐(A)/基点(B)/比例(S)/扭曲(T)］: ＊选择扫掠路径＊

4）有关提示选项说明

（1）对齐（A）：指定是否对齐轮廓，可使其作为扫掠路径切向的法方向，在默认情况下，轮廓是对齐的。

（2）基点（B）：指定要扫掠的基点。如果指定的点不在选定对象所在的平面上，则该点将被投影到该面上。

（3）比例（S）：指定比例因子以进行扫掠操作。从扫掠路径的开始到结束，比例因子将统一应用到扫掠的对象。

（4）扭曲（T）：用于设置正被扫掠对象的扭曲角度。

（二）阵列

1. 功能

【阵列】命令用于在三维空间中将实体进行矩形或环形阵列。用户创建好一个实体，运用【阵列】命令将其按一定的顺序在三维空间中排列，极大地减少了工作量。除了指定列数（X 方向）和行数（Y 方向）以外，还要指定层数（Z 方向）。

2. 调用命令的方法

（1）命令行：输入 3darray 或 3a，按＜Enter＞键。

（2）菜单栏：单击【修改】→【三维操作】→【三维阵列】。

3. 操作步骤

（1）如图 10-2-4（a）所示，【环形阵列】命令的操作如下：

命令:_3darray

正在初始化... 已加载 3DARRAY。

选择对象:找到 1 个 ＊选择对象,系统提示选择对象的个数＊

选择对象: ＊按＜Enter＞键或右击结束选择对象＊

输入阵列类型［矩形(R)/环形(P)］＜矩形＞:P ＊输入阵列类型为环形＊

输入阵列中的项目数目:6   *输入环形阵列中的项目数目为4*

指定要填充的角度(+ =逆时针, – =顺时针) <360 >:270

                             指定要填充的角度,系统默认360°

旋转阵列对象?[是(Y)/否(N)] <Y >:   *是否旋转阵列对象*

指定阵列的中心点: *指定环形阵列的中心点*

指定旋转轴上的第二点: *指定环形阵列旋转轴上的第二点*

(2) 如图10 - 2 - 4 (c) 所示,【矩形阵列】命令的操作如下:

命令:_3darray

选择对象:找到1个   *选择对象,系统提示选择对象的个数*

选择对象: *按 <Enter>键或右击表示选择对象的结束*

输入阵列类型[矩形(R)/环形(P)] <矩形>:R   *输入阵列类型为矩形*

输入行数(---) <1>:3   *输入矩形阵列行数*

输入列数(|||) <1>:4   *输入矩形阵列列数*

输入层数(...) <1>:   *输入矩形阵列层数*

指定行间距(---):50   *输入矩形阵行间距*

指定列间距(|||):50   *输入矩形阵列间距*

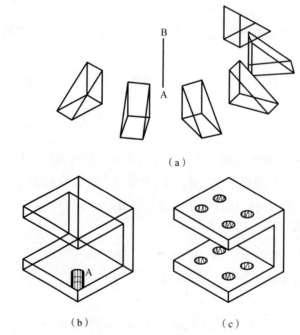

(a)

(b)   (c)

图10 - 2 - 4   阵列效果

(a) 环形阵列效果;(b) 矩形阵列前圆柱 A;(c) 矩形阵列、布尔运算效果

(三) 镜像

1. 功能

在三维空间中指定平面为镜像平面,对实体进行镜像。

2. 调用命令的方法

（1）命令行：输入 Mirror3d，按 < Enter > 键。

（2）菜单栏：单击【修改】→【三维操作】→【三维镜像】。

3. 操作步骤

如图 10 - 2 - 5 所示，【镜像】命令的操作如下：

命令:_mirror3d

选择对象:指定对角点:找到 1 个　　　　　　　 *选择对象,系统提示选择对象的个数*

选择对象:　　　　　　　　　　　 *按< Enter >键或右击表示选择对象的结束*

指定镜像平面(三点)的第一个点或[对象(O)/最近的(L)/Z 轴(Z)/视图(V)/XY 平面(XY)/YZ 平面(YZ)/ZX 平面(ZX)/三点(3)]<三点>:　　　 *指定镜像平面的第一个点*

在镜像平面上指定第二点:　　　　　　　　　 *指定镜像平面的第二个点*

在镜像平面上指定第三点:　　　　　　　　　 *指定镜像平面的第三个点*

是否删除源对象?[是(Y)/否(N)]<否>:　　　　　　　　 *是否将源对象删除*

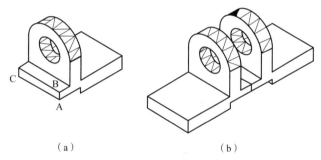

（a）　　　　　　　　　（b）

图 10 - 2 - 5　镜像的效果

（a）镜像之前；（b）选 A、B、C 三点镜像之后

（四）旋转

1. 功能

使对象在三维空间中绕轴旋转，如图 10 - 2 - 6 所示。

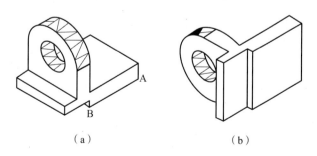

（a）　　　　　　　　　（b）

图 10 - 2 - 6　旋转的效果

（a）旋转之前；（b）选 AB 作为旋转轴之后的效果

2. 调用命令的方法

(1) 命令行：输入 3drotate 或 3r，按 <Enter> 键。

(2) 菜单栏：单击【修改】→【三维操作】→【三维旋转】。

3. 操作步骤

命令:_3drotate

UCS 当前的正角方向： ANGDIR = 逆时针 ANGBASE = 0

选择对象:指定对角点:找到 4 个　　　　　*选择对象,系统提示选择对象的个数*

选择对象：　　　　　　　　　　　*按 <Enter> 键或右击结束选择对象*

指定基点：　　　　　　　　　　　　　*指定旋转所围绕的基点*

拾取旋转轴：　　　　　　　　　　　　　　　*选择旋转轴*

指定角的起点或输入角度：　　　　　　　*指定旋转的起点或旋转角度*

正在重生成模型。

（五）剖切

1. 功能

可以切开现有实体并删除指定部分，从而创建新的实体，如图 10 - 2 - 7 所示。

（a）　　　　　　　　　　　　　　　　　（b）

图 10 - 2 - 7　剖切的效果

(a) 剖切之前；(b) 剖切之后

2. 调用命令的方法

(1) 命令行：输入 Slice 或 sl，按 <Enter> 键。

(2) 菜单栏：单击【修改】→【三维操作】→【剖切】。

3. 操作步骤

命令:_slice

选择要剖切的对象:指定对角点:找到 1 个　　*选择对象,系统提示选择对象的个数*

选择要剖切的对象：　　　　　　　　　　　*选择要剖切的对象*

指定切面的起点或[平面对象(O)/曲面(S)/Z 轴(Z)/视图(V)/XY(XY)/YZ(YZ)/ZX
(ZX)/三点(3)]<三点>:YZ　　　　　　　*用三点法或其他方法确定剖切面*

指定 YZ 平面上的点 <0,0,0>：　　　　　*指定与 YZ 平行的剖切面上的点*

在所需的侧面上指定点或[保留两个侧面(B)]<保留两个侧面>：

　　　　　　　　　　　　　　　　　　　　指定要保留的一侧

（六）编辑实体

1. 功能

在 AutoCAD 2020 中，提供了功能强大的实体编辑功能，Solidedit 命令可对三维实体的边、面和体分别进行编辑和修改。

2. 调用命令的方法

（1）命令行：输入 Solidedit，按 < Enter > 键。

（2）菜单栏：单击【修改】→【三维编辑】。

3. 操作步骤

命令:Solidedit

实体编辑自动检查:SOLIDCHECK = 1

输入实体编辑选项[面(F)/边(E)/体(B)/放弃(U)/退出(X)] < 退出 >:

执行此命令，可以对实体面进行拉伸、移动、偏移、删除、旋转、倾斜、着色和复制等操作，也可以对三维实体的边进行复制和着色等操作，还可以对实体进行压印、清除、分割、抽壳与检查等操作。

（七）圆角、倒角

AutoCAD 2020 提供的对三维实体进行倒圆角和倒直角的命令，与二维图形中倒圆角和倒直角的命令的相同，都是 Fillet。启动该命令的方法与前面介绍的相同，只是提示顺序有所不同，效果如图 10 - 2 - 8 所示。

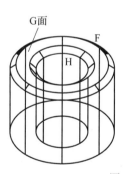 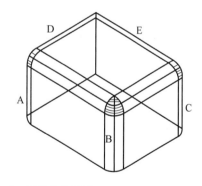

图 10 - 2 - 8 倒角和倒圆角

实体模型具有线框模型和表面模型所没有的体的特征，其内部是实心的，所以用户可以进行各种编辑操作，如穿孔、切割、倒角和布尔运算，也可以分析其质量、体积、重心等物理特性。而且实体模型也能为一些工程应用，如数控加工、有限元分析等提供数据。对三维实体也可以进行复制、删除、移动等操作，其操作方法与二维图形的编辑类似，不再介绍。

任 务 实 施

第 1 步：设置绘图环境。

设置绘图界限：297×210。

设置图层：细点画线层（点划线）、截面层、实体层（粗实线）等。

第2步：调出工具栏。

调出 UCS、【视点】【实体】【实体编辑】工具栏。

单击【视点】工具栏中的【俯视图】按钮，切换到二维模式绘图。

第3步：绘制底板。

（1）绘制底板俯视图。

设置实体层为当前层。首先绘制出长度为200，宽度为120的长方形，并将其倒两 R 为30的圆角。然后定位，绘制出两个直径为44的圆，如图10-2-9所示。

（2）将长方形转化成面域（如果是用【矩形】或【多段线】命令绘制的长方形则不需要转化）。

（3）将长方形和两个圆分别拉伸25，形成1个带圆角的长方体底板和2个圆柱。单击【视点】工具栏中的【西南等轴测】按钮，转换为三维视图模式，如图10-2-10所示。

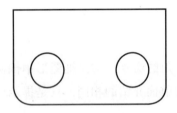
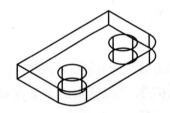

图10-2-9　底板俯视图　　　图10-2-10　底板俯视图转化为三维模型

（4）布尔运算，从底板中减去内圆柱。

命令:_subtract 选择要从中减去的实体或面域...　　　　　　　*输入命令*

选择对象:找到1个　　　　　　　　　　　　　　　　　*单击长方体*

选择对象:　　　　　　　　　　　　　　　*按<Enter>键或右击切换内容*

选择要减去的实体或面域

选择对象:找到2个　　　　　　　　　　　　　　*单击要减去的两个圆柱体*

选择对象:　　　　　　　　　　　　　*按<Enter>键或右击结束命令*

第4步：绘制立板。

（1）新建 UCS 坐标系。

指定长方体的左上角点为新原点，指定长方体的左下角点为 X 轴正向；指定右上角点为 Y 轴正向。

（2）绘制立板截面图，并拉伸截面为实体。

设置截面层为当前层，启用【多段线】命令绘制立板的后表面，过程略。

设置实体层为当前层，拉伸截面为厚度60的实体（输入拉伸高度为-60），过程略。

（3）布尔运算，从立板中减去内圆柱。

第5步：绘制肋板。

（1）设置截面层为当前层。启用【多段线】命令绘铡两个肋板的后截面，过程略。

（2）设置实体层为当前层。启用【拉伸】命令拉伸截面为厚度30的实体，过程略。

第6步：并运算。

选择底板、立板、两个肋板，将其并在一起，如图10－2－11所示。

第7步：关闭UCS坐标系。

单击 ▣，显示UCS对话框，在【设置】选项卡中单击【关闭UCS】，最后单击【确定】按钮。

第8步：消隐。

单击【视图】→【消隐】，如图10－2－12所示。

第9步：效果

单击【视图】→【真实】，如图10－2－13所示。

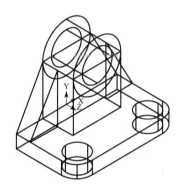 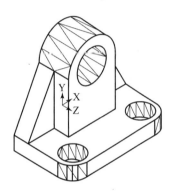 

图10－2－11　合并后的轴承架　　　图10－2－12　消隐后的图形　　　图10－2－13　真实效果

自 测 题

根据图10－2－14两视图，绘制其三维实体。

小 结

三维实体主要有基本体和组合体两种，基本体的创建可以利用系统提供的基本实体来生成实体模型，也可以由二维平面图形通过拉伸、旋转、扫掠和放样等方式生成三维实体模型。组合体是利用三维编辑操作将基本体组合起来，通过布尔运算得到相应形状的三维实体模型。

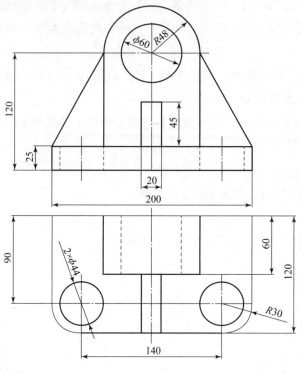

图 10 – 2 – 14　练习

附　录

附录一：考证

一、项目综述

全国信息化应用能力考试（The National Certification of Informatization Application ingineer – NCAC）是由工业和信息化部人才交流中心主办，以信息技术、工业设计在各行业、各岗位的广泛应用为基础，面向社会，检验全国应试人员信息技术应用知识与能力的全国性水平考试体系。

由于我国已逐步成为世界制造业和加工业的中心，因此对数字化技术应用型人才提出了很高的要求。人才交流中心适时推出的全国信息化应用 CAD 考试——"工业设计"项目，坚持以现有企业需求为依托，同时充分利用国际上通用 CAD 软件的先进性，以迅速缩短教育与就业之间的供需差距，加速培养能与国内制造业普遍应用需求相适应的高质量工程技术人员。

二、岗位技能描述

《AutoCAD 机械设计》证书获得者应掌握机械设计的基本方法和步骤，能熟练使用 AutoCAD 进行机械图样设计，绘制符合国家标准和企业要求的机械图纸，可以从事机械设计部门及 CAD 制图领域的相关设计工作。

三、考试内容与考试要求

AutoCAD 机械设计考试共分为 7 个单元，考试时每个单元按一定比例随机抽题。考试内容包括基本概念、软件操作、实际建模。知识点覆盖广、可靠性强、与实际零距离接轨，是很完善的考试方式。

AutoCAD 的考试内容和基本要求，如表 1～表 7 所示。

四、考试方式

考试是基于网络的统一上机考试，考试时间为 120 分钟；考试系统采用模块化结构，应试题目从题库中随机抽取；考试不受时间限制，可随时报考，标准化考试，减少人为因素；

考试满分为 100 分，总成绩 60 分为合格，总成绩达到 90 分以上为优秀。

1）理论题各部分分值分布

理论题为选择题，各部分分值分布如表 8 所示。

2）上机题

题目数量：3。

题型：AutoCAD 基本绘图，机械图形基础，综合题。

比例：AutoCAD 基本绘图 1 题，20 分；机械图形基础 1 题，20 分；综合题 1 题，40 分。

总分：80。

五、考试要求

表 1

考试内容	AutoCAD 基础知识考试要求			
	了解	理解	掌握	熟练
启动 AutoCAD		●		
图形显示控制		●		
利用绝对坐标画线			●	
利用相对坐标画线			●	
利用相对极对坐标画线			●	
直接距离输入画线				●
极轴追踪模式画线				●
利用对象捕捉精确画线				●
利用对象捕捉追踪模式画线				●

表 2

考试内容	AutoCAD 基本绘图考试要求			
	了解	理解	掌握	熟练
绘制圆和椭圆				●
绘制矩形和正多边形				●
运用平行关系				●
运用垂直关系				●
运用相切关系				●

表 3

考试内容	AutoCAD 编辑图形考试要求			
	了解	理解	掌握	熟练
矩形阵列		●		
圆形阵列				●

续表

考试内容	AutoCAD 编辑图形考试要求			
	了解	理解	掌握	熟练
绘制对称几何特征				●
倒角和圆角				●
移动对象				●
复制对象				●
旋转对象				●
拉伸对象		●		
比例缩放对象		●		
打断对象		●		

表 4

考试内容	AutoCAD 基本绘图设置考试要求			
	了解	理解	掌握	熟练
设置单位和图幅				●
设置图层				●
设置文字样式				●
设置尺寸样式				●
尺寸标注				●
定义块和块属性			●	
建立样本			●	

表 5

考试内容	AutoCAD 绘制机械图形基础考试要求			
	了解	理解	掌握	熟练
绘制叠加式组合体三视图				●
绘制切割式组合体三视图				●
绘制截交线				●
绘制相贯线				●
绘制正等轴测图				●

表6

考试内容	AutoCAD 绘制常用机械图形考试要求			
	了解	理解	掌握	熟练
绘制轴套类零件				●
绘制盘类零件				●
绘制齿轮类零件				●
绘制叉类零件				●
绘制箱体类零件				●
绘制标准件				●
绘制装配图				●

表7

考试内容	AutoCAD 查询与图形输出考试要求			
	了解	理解	掌握	熟练
查询				●
模型空间输出				●
图纸空间输出				●
局部放大图绘制				●

表8

考试内容	题目数量	每题分数
AutoCAD 基础知识	2	2
AutoCAD 基本绘图	2	2
AutoCAD 编辑图形	2	2
AutoCAD 基本绘图设置	2	2
AutoCAD 查询与图形输出	2	2
总题数	10	20

六、教育部 CAXC 项目认证中心简介

教育部教育管理信息中心是1987年经国务院批准建立的，是教育部直属事业单位。

为深入贯彻落实党的十七大关于"大力推进信息化与工业化融合，促进工业由大变强"的精神，加快工业和信息技能人才培养的步伐，满足国民经济和社会信息化发展对工业和信

息技术人才的需求，于 2010 年 3 月 23 日开发了"全国计算机辅助技术认证"项目（简称 CAXC 项目）。原来在 ITAT 中的个别项目，如计算机辅助设计 CAD、Pro/E 应用设计师，归并到 CAXC 项目之中。

经过多年考察，山东省在职业技术教育和认证方面有着丰富的经验，经教育部信息管理中心研究决定，将 CAXC 项目委托由山东省生信培训认证管理中心在全国开展培训认证工作。CAXC 项目认证的意义如下。

1. 增加学生就业的竞争力

目前，大学生就业困难，想要找到一份理想的工作，单凭毕业证是不够的。用人单位比较注重学生的实践能力，对各种技能证书比较看重。多年来，教育部的各种证书，得到了社会和企业的广泛认可。

2. CAXC 证书含金量高

CAXC 证书是工业信息化人才上岗、应聘和用人单位招聘录用信息化人员的重要依据，也是境外就业、对外劳务合作人员办理职业技能水平公证的有效证件。政府主导，国家认可，同英语四六级证书一样，在全国范围有效。

七、全国计算机辅助技术认证课程

全国计算机辅助技术认证课程如表 9 所示，证书皮样本如图 1 所示，证书内芯皮样本如图 2 所示。

表 9

类	认证科目名称	
机械设计类 Machine Design	AutoCAD 机械设计	AutoCAD Mechanical Design
	Pro/E – CAD 设计	Pro / E – CAD design
	SolidWorks 设计	SolidWorks Design
	UGNXCAD 设计	UGNXCAD Design
	CAXA 机械设计	CAXAMechanical Design
	UG NX 分析	UG NX Analysis
	Ansys 分析	Ansys Analysis
	ADAMS 分析	ADAMS Analysis
机械制造类 Machinery Manufacturing C	Pro/E – CAM 工艺设计	Pro / E – CAM Process Design

图1　证书皮样本

图2　证书内芯皮样本

附录二：AutoCAD 2020 模拟题

1. 按_____可以进入帮助窗口。

A. 功能键 < F1 >　　　　B. 功能键 < F2 >　　　C. 功能键 < F3 >　　　D. 功能键 < F4 >

2. 【缩放】命令中，_____选项将所有图形显示到撑满绘图区域。

A. Zoom/窗口（W）　B. Pan　　　　　　C. Zoom/范围（E）　D. Zoom/全部（A）

3. 在 AutoCAD 中打开或者关闭对象捕捉的功能键为_____。

A. < F3 >　　　　　　B. < F8 >　　　　　　C. < F9 >　　　　　D. < F11 >

4. 在 AutoCAD 中打开动态输入，在确定一点的状态下，指定原点的输入为_____。

A.（0，0）　　　　B.（@0，0）　　　　C.（＊0，0）　　　D.（#0，0）

5. 以下说法是错误的为_____。

A. 使用【绘图】→【正多边形】命令将得到一条多段线

B. 可以用【绘图】→【圆环】命令绘制填充的实心圆

C. 打断一条【构造线】将得到两条射线

D. 不能用【绘图】→【椭圆】命令画圆

6. 在 AutoCAD 中，POLYGON 命令最多可以绘制_____条边的正多边形。

A. 128　　　　　　B. 256　　　　　　C. 512　　　　　　D. 1 024

7. 执行矩形命令，绘制四个角为 R3 圆角的矩形，首先要确定下列_____操作。

A. 确定第一角点后

B. 选择【圆角（F）】选项，设定圆角半径为 3

C. 选择【倒角（C）】选项，设定为 3

D. 绘制 R3 圆角

8. 执行 Point 命令不可以完成下列_____操作。

A. 绘制单点或多点　　　　　　　　B. 定数等分直线、圆弧或曲线

C. 等分角　　　　　　　　　　　　D. 定距等分直线、圆弧或曲线

9. 改变图形实际位置的命令是_____。

A. ZOOM　　　　　B. Move　　　　　C. Pan　　　　　　D. OFFSET

10. 下列对象执行【偏移】命令后，大小和形状保持不变的是_____。

A. 椭圆　　　　　　B. 圆　　　　　　C. 圆弧　　　　　　D. 直线

11. EXPLODE 命令对_____图形实体无效。

A. 多段线　　　　　B. 正多边形　　　　C. 圆　　　　　　D. 尺寸标注

12. 关于属性定义中的插入点与块的插入点概念的说法，_____是正确的。

A. 一般为同一点

B. 块的插入点为属性值的起点

C. 属性定义的插入点为属性文本的插入点

D. 块的插入点一定为线段的端点

13. 下面关于块的说法，_____是正确的。

A. 块是简单实体，不可以分解

B. 使用块，可以节约时间，且能节约存储空间

C. 块只能在当前文档使用

D. 块的属性在块定义好后才定义

14. 将尺寸文本"$\phi 12$"改为"$6 \times \phi 12$"，下面_____操作可以完成。

A. 双击尺寸文本"$\phi 12$"，在显示的矩形窗口中把"$\phi 12$"改为"$6 \times \phi 12$"

B. 用文本命令输入文字"$6 \times \phi 12$"，覆盖文本"$\phi 12$"

C. 使用 DDEDIT 命令，激活文字格式窗口，在原来的文字前面加上"$6 \times$"

D. 选中该尺寸，在特性窗口直接将测量单位数据改为"$6 \times \phi 12$"

15. 执行边界命令后，图案将重新生成边界，生成的边界是_____。

A. 样条曲线　　　　　　　　　　B. 直线

C. 面域或多段线　　　　　　　　D. 圆弧

16. 关于模型空间的说法，_____是正确的。

A. 和图纸空间设置一样

B. 和布局设置一样

C. 为了建立模型设定的，不能打印

D. 主要为设计建模用，但也可以打印

17. 下面_____选项不属于打印时图纸方向设置的内容。

A. 纵向　　　　　B. 反向　　　　　C. 横向　　　　　D. 逆向

18. 一个布局中最多可以创建_____视口。

A. 一个　　　　　B. 两个　　　　　C. 四个　　　　　D. 四个以上

19. 执行【特性匹配】命令可将_____所有目标对象的颜色修改成源对象的颜色。

A. 图块对象　　　　　　　　　　B. 多段线对象

C. 圆对象　　　　　　　　　　　D. 直线对象

20. 设置图形界限命令为 limits，在操作过程中可以执行下列_____操作。

A. 设置图纸幅面的大小

B. 设置图纸的位置

C. 设置是否可以在图形界限范围外绘制

D. 设置图样的边框和标题栏

21. 已知：A = 170（单位：mm）；

问题：（各小题全为单选）

（1）角度Ⅰ是：_____。

A. 106.98°　　　　　B. 105.47°

C. 108.43°　　　　　D. 103.90°

（2）两顶点间距离Ⅱ是：_____。

A. 98.28　　　　　B. 106.71

C. 103.96　　　　　D. 101.15

（3）两顶点间距离Ⅲ是：_____。

A. 128.97　　　　　B. 126.73

C. 133.37　　　　　D. 131.18

（4）四边形的面积值是（阴影区域）：_____。

A. 14 346.62　　B. 15 003.82　　C. 13 058.29　　D. 13 698.10

22.

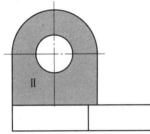

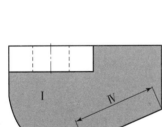

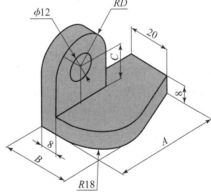

已知：A = 54；B = 36；C = 20；D = 18（单位：mm）；

问题：（各小题均为单选题）

（1）图中Ⅰ区域的周长是_____。

A. 153.25　　　　　B. 149.93　　　　　C. 156.59　　　　　D. 159.93

（2）图中Ⅱ区域的面积是_____ mm²。

A. 986.86　　　　　B. 1 115.84　　　　　C. 865.03　　　　　D. 750.33

（3）图中Ⅲ的距离是_____。

A. 38.21　　　　　B. 36.8　　　　　C. 33.97　　　　　D. 35.38

（4）图中 IV 的距离是_____。

A. 30.17   B. 29.12   C. 31.24   D. 28.11

23. 综合题。

（1）设置绘图界限为 A4、长度单位精度保留 3 位有效数字，角度单位精度保留 1 位有效数字。

（2）按照下表要求设置图层、线型。

层名	颜色	线型	线宽	功能
中心线	红色	Center	0.25	画中心线
虚线	黄色	Hidden	0.25	画虚线
细实线	蓝色	Continuous	0.25	画细实线及尺寸、文字
剖面线	绿色	Continuous	0.25	画剖面线
粗实线	白（黑）色	Continuous	0.50	画轮廓线及边框

（3）按下表要求设置文字样式（不使用大字体）。

样式名	字体名	文字宽度系数	文字倾斜角度
数字	Gbeitc. shx	1	0
汉字	Gbenor. shx	1	0

（4）根据图形设置尺寸标注样式。

①机械样式，建立标注的基础样式，其设置为：

将【基线间距】内的数值改为 7，【超出尺寸线】内的数值改为 2.5，【起点偏移量】内的数值改为 0，【箭头大小】内的数值改为 3，弧长符号选择【标注文字的上方】，将【文字样式】设置为已经建立的"数字"样式，【文字高度】内的数值改为 3.5，其他选用默认选项。

②角度，其设置为：建立机械样式的子尺寸，在标注角度的时候，尺寸数字是水平的。

③非圆直径，其设置为：在机械样式的基础上，建立将在标注任何尺寸时，尺寸数字前都加注符号 φ 的父尺寸。

④标注一半尺寸，在机械样式的基础上，建立将在标注任何尺寸时，只是显示一半尺寸线盒尺寸界线的父尺寸，一般用于半剖图形中。

（5）将标题栏（括号内文字为属性）制作成带属性的图块，其样式如下图所示，其中"零件名称""工业和信息化部"字高为 5，其余字高为 3.5。

要求：上传外部块，文件名为"准考证号"+BTL. dwg。

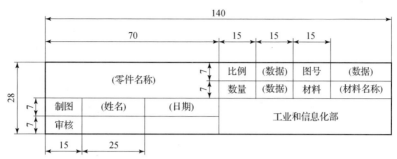

(零件名称)			比例	(数据)	图号	(数据)
			数量	(数据)	材料	(材料名称)
制图	(姓名)	(日期)	工业和信息化部			
审核						

（6）将粗糙度（*Ra* 数值为属性）符号制作成带属性的图块，其样式如下图所示，*Ra* 字高为 5，其余字高为 3.5。

要求：上传外部块，文件名为"准考证号"+CZD. dwg。

（7）根据以上设置建立一个 A4 样板文件。

要求：上传样板文件。文件名为"准考证号"+A4. dwt。

（8）利用建立的 A4 样板文件，在模型空间绘制下列零件图。

▲**注意**：要在姓名的位置填写自己名字。

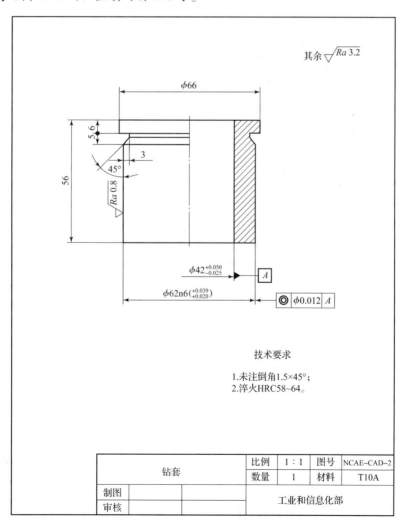

技术要求

1.未注倒角1.5×45°；
2.淬火HRC58~64。

钻套		比例	1：1	图号	NCAE–CAD–2
		数量	1	材料	T10A
制图		工业和信息化部			
审核					

附录三：执行命令的快捷键

1. 常用功能键
   F1：HELP（帮助）
   F2：文本窗口
   F3：OSNAP（对象捕捉）
   F7：GRIP（栅格）
   F8：ORTHO（正交）
2. 常用 CTRL 类
   CTRL＋1：PROPERTIES（修改特性）
   CTRL＋2：ADCENTER（设计中心）
   CTRL＋O：OPEN（打开文件）
   CTRL＋B：SNAP（栅格捕捉）
   CTRL＋C：COPYCLIP（复制）
   CTRL＋F：OSNAP（对象捕捉）
   CTRL＋G：GRID（栅格）
   CTRL＋L：ORTHO（正交）
   CTRL＋N、M：NEW（新建文件）
   CTRL＋P：PRINT（打印文件）
   CTRL＋S：SAVE（保存文件）
   CTRL＋U：（极轴）
   CTRL＋V：PASTECLIP（粘贴）
   CTRL＋W：对象追踪
   CTRL＋X：CUTCLIP（剪切）
   CTRL＋Z：UNDO（放弃）
3. 字母类
对象特性：
   R：REDRAW（重新生成）
   V：VIEW（命名视图）
   SN：SNAP（捕捉栅格）
   DS：DSETTINGS（设置极轴追踪）

OS：OSNAP（设置捕捉模式）

PU：PURGE（清除垃圾）

BO：BOUNDARY（边界创建，包括创建闭合多段线和面域）

AL：ALIGN（对齐）

LA：LAYER（图层操作）

LT：LINETYPE（线形）

LW：LWEIGHT（线宽）

TO：TOOLBAR（工具栏）

AA：AREA（面积）

DI：DIST（距离）

MA：MATCHPROP（属性匹配）

ST：STYLE（文字样式）

UN：UNITS（图形单位）

OP、PR：OPTIONS（自定义 CAD 设置）

CH、MO：PROPERTIES（修改特性，同 Ctrl + 1）

ADC：ADCENTER（设计中心，同 Ctrl + 2）

COL：COLOR（设置颜色）

LTS：LTSCALE（线形比例）

ATT：ATTDEF（属性定义）

REN：RENAME（重命名）

PRE：PREVIEW（打印预览）

ATE：ATTEDIT（编辑属性）

EXIT：QUIT（退出）

EXP：EXPORT（输出其他格式文件）

IMP：IMPORT（输入文件）

PRINT：PLOT（打印）

绘图命令：

A：ARC（圆弧）

B：BLOCK（块定义）

C：CIRCLE（圆）

L：LINE（直线）

T：MTEXT（多行文本）

I：INSERT（插入块）

W：WBLOCK（定义块文件）

H：BHATCH（填充）

DO：DONUT（圆环）

EL：ELLIPSE（椭圆）

PO：POINT（点）

MT：MTEXT（多行文本）

XL：XLINE（射线）

PL：PLINE（多段线）

ML：MLINE（多线）

SPL：SPLINE（样条曲线）

POL：POLYGON（正多边形）

REC：RECTANGLE（矩形）

REG：REGION（面域）

DIV：DIVIDE（等分）

修改命令：

F：FILLET（倒圆角）

M：MOVE（移动）

O：OFFSET（偏移）

X：EXPLODE（分解）

S：STRETCH（拉伸）

TR：TRIM（修剪）

EX：EXTEND（延伸）

PE：PEDIT（多段线编辑）

ED：DDEDIT（修改文本）

SC：SCALE（比例缩放）

BR：BREAK（打断）

CO：COPY（复制）

MI：MIRROR（镜像）

AR：ARRAY（阵列）

RO：ROTATE（旋转）

E、DEL键：ERASE（删除）

LEN：LENGTHEN（直线拉长）

CHA：CHAMFER（倒角）

视窗缩放：

P：PAN（平移）

Z：局部放大

Z＋P：返回上一视图

Z + E：显示全图

Z + Space + Space：实时缩放

尺寸标注：

D：DIMSTYLE（标注样式）

LE：QLEADER（快速引出标注）

DLI：DIMLINEAR（直线标注）

DAL：DIMALIGNED（对齐标注）

DRA：DIMRADIUS（半径标注）

DDI：DIMDIAMETER（直径标注）

DAN：DIMANGULAR（角度标注）

DCE：DIMCENTER（中心标注）

DOR：DIMORDINATE（点标注）

TOL：TOLERANCE（标注形位公差）

DBA：DIMBASELINE（基线标注）

DCO：DIMCONTINUE（连续标注）

DED：DIMEDIT（编辑标注）

DOV：DIMOVERRIDE（替换标注系统变量）

文字输入：

TEXT：单行文字输入

MTEXT：多行文字输入

参 考 文 献

［1］刘宏．工程制图与 AutoCAD 绘图 ［M］．北京：人民邮电出版社，2009．

［2］余少玲．AutoCAD 2006 实用教程 ［M］．北京：人民邮电出版社，2010．

［3］王灵珠．工程制图与 AutoCAD 绘图 2008 ［M］．北京：机械工业出版社，2009．

［4］李景仲．AutoCAD 绘图 2008 ［M］．北京：国防工业出版社，2009．

［5］李长胜．AutoCAD 2008 中文版实用教程 ［M］．北京：机械工业出版社，2009．

［6］张宪立．AutoCAD 2008 机械绘图实例教程 ［M］．北京：人民邮电出版社，2009．

［7］姜军．AutoCAD 2008 中文版机械制图应用与实例教程 ［M］．北京：人民邮电出版社，2020．